卷积神经网络在图像分割中的研究与优化

朱 颋 屈 雯 著

图书在版编目(CIP)数据

卷积神经网络在图像分割中的研究与优化 / 朱颋,
屈雯著. --长沙：中南大学出版社，2024.12.

ISBN 978-7-5487-6140-2

Ⅰ. TN911.73

中国国家版本馆 CIP 数据核字第 2024GU3564 号

卷积神经网络在图像分割中的研究与优化

JUANJI SHENJING WANGLUO ZAI TUXIANG FENGE ZHONG DE YANJIU YU YOUHUA

朱颋　屈雯　著

□出 版 人　林绵优
□责任编辑　谢金伶
□责任印制　唐　曦
□出版发行　中南大学出版社
社址：长沙市麓山南路　　邮编：410083
发行科电话：0731-88876770　　传真：0731-88710482
□印　　装　河北万卷印刷有限公司

□开　　本　710 mm×1000 mm 1/16　□印张 15.5　□字数 214 千字
□版　　次　2024 年 12 月第 1 版　□印次 2024 年 12 月第 1 次印刷
□书　　号　ISBN 978-7-5487-6140-2
□定　　价　88.00 元

前言 preface

图像分割是计算机视觉领域的重要研究方向，它的目的是将图像划分为若干个区域，从而为后续的图像分析和理解提供基础。图像分割在许多领域都有广泛的应用，例如医学图像分析、遥感图像解译、智能监控、人脸识别、自动驾驶等。然而，图像分割面临着许多挑战，例如图像的复杂性、多样性、噪声、遮挡、类别不平衡等，给图像分割的精度和效率带来了影响。

近年来，随着深度学习的发展，卷积神经网络（convolutional neural network, CNN）在图像分割中取得了显著的进展。卷积神经网络能够自动学习图像的特征表示，有效地提取图像的语义信息，同时能够适应不同的图像场景。

本书旨在系统地介绍卷积神经网络在图像分割中的研究与优化，主要内容包括以下几个方面。

第 1 章为图像分割概述，首先介绍了图像分割的基本概念、图像分割算法的分类、图像分割的评价指标，然后概述了图像分割的应用领域，包括自动驾驶、医学图像分析、视觉导航等，最后分析了图像分割的挑战和难点。

第 2 章为神经网络基础，首先介绍了机器学习的基本概念、方法，然后介绍了神经网络的架构与设计原则，最后介绍了神经网络的关键机制，包括激活函数、损失函数、优化算法等。

第 3 章为卷积神经网络基础，介绍了卷积神经网络的基本概念、架构和工作流程，重点介绍了卷积神经网络的核心组件，包括卷积层、池化层、全连接层。

第 4 章为卷积神经网络在图像分割中的应用研究，介绍了卷积神经网络在图像分割中采用的主要方法和模型，重点对全卷积神经网络（fully convolutional network, FCN）、U 形网络（U-shaped network, U-Net）、Deeplad 系列语义分割网络、SegNet 图像分割网络、ResUNet-a 图像分割网络、Mask R-CNN 模型的原理、特点、优缺点和性能进行了分析和比较。

第 5 章为图像分割模型结构与函数优化，介绍了图像分割模型的结构与函数优化的相关技术和方法，主要包括自适应学习率调整策略、权重衰减、批量归一化、Dropout、高级激活函数、级联卷积核、注意力机制，并探讨了这些技术和方法在提高图像分割模型的精度、稳定性、泛化能力和鲁棒性方面的作用和效果。

第 6 章为图像分割模型训练策略与融合优化，介绍了图像分割模型的训练策略与融合优化的相关技术和方法，主要包括多尺度特征融合技术、数据增强策略、迁移学习、半监督学习、多模型融合与模型集成，并分析了这些技术和方法在提高图像分割模型的准确性、效率、泛化能力上的作用和效果。

第 7 章为卷积神经网络图像分割模型的具体应用，介绍了卷积神经网络图像分割模型在气液两相流和畜禽养殖两个领域的具体应用案例，介绍了这些领域的图像分割任务的背景、目标和方法，以及卷积神经网络图像分割模型的设计、实现、评估和结果。

本书适合对图像分割和卷积神经网络感兴趣的读者，包括学生、教师、研究人员、工程师等。希望本书能够成为一本全面、深入、实用的指南，帮助读者掌握卷积神经网络在图像分割中的应用。

目录 contents

第 1 章　图像分割概述

1.1 图像分割综述

1.1.1 图像分割的目的及基本原理

图像分割的目的是将图像划分为若干个具有不同特征的互不相交的区域。这些特征包括灰度、颜色、空间纹理、几何形状等。在处理灰度图像时，通常基于像素的灰度相似性进行区域的划分，并在灰度不连续性显著的地方确定区域边界。图像分割技术的关键在于定义和量化这些特征的相似性和不连续性。

图像分割的核心目标有以下两个。

（1）预测图像中包含哪些对象。

（2）预测图像中每个像素属于哪一类。

图像分割任务可以看作一个逐像素的分类任务，分割目的是对图像进行精细化的“理解”。图像分割算法能够精确地找到图像中目标的位置。①

图像分割的基本原理可以通过集合来表达。考虑一个 $M \times N$ 大小的灰度图像，其中 M 和 N 是正整数，表示图像的行数和列数。设图像的像素集合 $I=\{(x，y)|\ x=0,\ 1,\ \cdots,\ M-1;\ y=0,\ 1,\ \cdots,\ N-1\}$，灰度值集合 $G=\{0,\ 1,\ \cdots,\ 255\}$，则图像可以视为一个映射 f：$I \to G$，其中 $f(x，y)$ 表示图像中 $(x，y)$ 像素的灰度值。

图像分割是将像素集合 I 划分成 K 个非空子集 S_1，S_2，$\cdots$，S_K，这些

① 从晓峰，彭程威，章军. PyTorch 神经网络实战：移动端图像处理 [M]. 北京：机械工业出版社，2022：160.

子集满足以下条件。

1. 全覆盖条件

$$\bigcup_{i=1}^{K} S_i = I \tag{1-1}$$

所有的子集合在一起应该完全覆盖原始像素集合 I，保证图像的每个像素都被分配到一个子集中。

2. 互斥条件

$$S_i \cap S_j = \varnothing，\ i \neq j \tag{1-2}$$

这表示任意两个不同的子集之间没有交集，即每个像素只能属于一个子集。

3. 连通性条件

S_i 是一个连通区域 $(i=1,\ 2,\ \cdots,\ K)$。这表示在每个子集中的像素在空间上应该是连续的，形成一个统一的区域。

4. 内部一致性条件

$$P(S_i) = \text{TRUE},\ i=1,\ 2,\ \cdots,\ K \tag{1-3}$$

这意味着在每个子集 S_i 内部，所有像素在某个特定的属性（如灰度、颜色、纹理）上应该是相似或一致的。

5. 区分性条件

$$P(S_i \cup S_j) = \text{FALSE},\ i \neq j \tag{1-4}$$

这表示不同的子集之间在特定的属性上应该有明显的区别。

这些条件共同构成了图像分割的基本框架。通过应用这些条件，图像分割算法能够将一幅图像划分为多个区域，每个区域在特定的属性（如灰度、颜色、纹理）上具有内部的一致性，同时与其他区域区分开来。

在实际的图像分割算法中，如何定义和量化“一致性”和“区分性”

是关键问题，这通常取决于应用场景和所选择的特定属性。例如，在基于阈值的分割算法中，灰度值的统计特性（如均值、方差）被用来定义这些区域的一致性和区分性。在更复杂的算法，如基于机器学习的算法中，一些有意义的特征可能会被捕捉，如纹理、形状或与特定任务相关的其他属性。

1.1.2　常见的传统图像分割算法

图像分割算法有多种分类方式。

根据分割的原理和技术，图像分割算法可以分为基于阈值的分割算法、基于区域的分割算法、基于边缘的分割算法、基于图论的分割算法、基于聚类的分割算法、基于形态学的分割算法、基于小波变换的分割算法、基于模糊理论的分割算法、基于神经网络的分割算法、基于深度学习的分割方法等。

根据分割的结果，图像分割算法可以分为语义分割算法、实例分割算法、全景分割算法、交互式分割算法、视频分割算法等。

根据分割的对象，图像分割算法可以分为二维图像分割算法、三维图像分割算法、多光谱图像分割算法、高光谱图像分割算法、红外图像分割算法、超声图像分割算法、X 光图像分割算法、磁共振成像（magnetic resonance imaging, MRI）图像分割算法、计算机断层扫描（computed tomography, CT）图像分割算法等。

下面简单介绍几种传统的图像分割算法的原理和特点。

基于阈值的分割算法是一种较简单和较直观的分割算法，它的基本思想是根据图像的灰度或颜色特征，选择一个或多个合适的阈值，将图像中的像素按照阈值划分为不同的类别。这种算法的优点是计算简单、效率高，缺点是对噪声敏感、不考虑像素的空间关系、不能处理复杂的图像。常用的基于阈值的分割算法有全局阈值法、局部阈值法、自适应阈值法、双峰法、最大熵法、最大类间方差法等。

基于区域的分割算法是一种将图像划分为多个相似区域的分割技术，它的基本思想是根据图像中像素的相似性或相容性，将图像划分为若干个均匀或相似的区域。这种算法的优点是能够保持区域的完整性和连通性，缺点是对噪声和细节敏感，容易产生过分割或欠分割。常用的基于区域的分割算法有区域生长法、区域分裂合并法、分水岭法等。

基于边缘的分割算法是一种以检测边缘为基础的分割技术，它的基本思想是根据图像中像素的灰度或颜色的不连续性，检测出图像中不同区域的边界，然后将边界连接成封闭的轮廓。这种算法的优点是能够准确地定位边缘，缺点是不能保证边缘的连续性和封闭性，需要后续的处理或结合其他方法。常用的基于边缘的分割算法有梯度算子法、拉普拉斯算子法、Canny 算子法、LoG 算子法、索贝尔（Sobel）算子法、Prewitt 算子法等。

基于图论的分割算法是一种将图像表示为图结构，然后利用图的性质和算法进行分割的技术，它的基本思想是将图像中的像素或区域作为图的顶点，将像素或区域之间的相似性或距离作为图的边，然后根据图的划分或最大流最小割等原理，将图分割为若干个子图。这种算法的优点是能够处理复杂的图像，缺点是计算量大，需要合适的图的构建和分割准则。常用的基于图论的分割算法有最小生成树法、最大流最小割算法、归一化割法、图割法等。

基于聚类的分割算法是一种将图像中的像素或区域聚合为若干个类别的技术，它的基本思想是根据图像中像素或区域的特征，计算它们之间的相似性或距离，然后根据一定的聚类准则，将它们分配到不同的簇中。这种算法的优点是能够自动地确定分割的类别数，缺点是对初始值和参数敏感，需要合适的特征提取和聚类算法。常用的基于聚类的分割算法有 k 均值法、模糊 c 均值法、均值漂移法、谱聚类法等。

基于形态学的分割算法是一种利用数学形态学的理论和操作来进行

分割的技术，它的基本思想是根据图像中像素的形状和结构，使用一些预定义的结构元素，对图像进行膨胀、腐蚀、开运算、闭运算等变换，从而实现对图像的滤波、增强、细化、骨架化等处理，进而得到分割的结果。这种算法的优点是能够处理噪声和细节，缺点是需要合适的结构元素和形态学操作。常用的基于形态学的分割算法有形态学重建法、形态学梯度法、形态学分水岭法等。

基于小波变换的分割算法是一种利用小波变换的多尺度和多分辨率的特性来进行分割的技术，它的基本思想是将图像在不同的尺度上进行小波变换，得到不同的子带图像，然后根据子带图像的特征，选择合适的阈值或区域，对子带图像进行分割，最后通过逆小波变换，得到原始图像的分割结果。这种算法的优点是能够提取图像的局部特征，缺点是需要选用合适的小波基和分割算法。常用的基于小波变换的分割算法有小波阈值法、小波域分水岭法、小波聚类法等。

1.2　图像分割的应用领域

1.2.1　图像分割技术在自动驾驶领域的应用

自动驾驶是利用计算机、传感器、控制器等技术，使汽车能够在没有人工干预的情况下，根据预设的目的地和路线，自主地完成行驶任务的过程。自动驾驶的核心是让汽车具备感知、决策和执行的能力，即能够感知周围的环境信息，根据规则和策略做出合理的行驶决策，并通过控制系统完成相应的动作。

为了实现自动驾驶，汽车需要装备各种传感器，如摄像头、激光雷达、毫米波雷达、超声波等，以及高性能的计算平台，如芯片、算法、软件等。

传感器的作用是采集汽车周围的图像、声音、距离等数据，计算平台的作用是对这些数据进行处理、分析、融合，从而提取出有用的信息，如车辆、道路、交通信号、行人等障碍物的位置、形状、速度、属性等。

图像分割技术可以帮助自动驾驶汽车实现对周围环境的精确识别和跟踪，从而提高安全性和效率。例如，基于深度学习的 Mask R-CNN 可以同时进行目标检测和实例分割，即不仅能够识别图像中的物体类别，还能够输出每个物体的像素级掩码，从而精确地分割出物体的轮廓和边界。这样自动驾驶汽车就可以根据掩码判断物体的形状、大小、方向、距离等信息，从而做出相应的行驶决策。

图像分割技术在自动驾驶中的应用场景主要包括以下几个。

1. 车道线检测

通过对道路图像进行分割，图像分割技术可以识别出车道线的位置、形状、颜色等信息，使自动驾驶汽车保持在正确的车道上行驶，避免偏离或变道。

2. 交通信号识别

通过对交通信号图像进行分割，图像分割技术可以识别出红绿灯、限速牌、停车牌等信息，从而帮助自动驾驶汽车遵守交通规则，控制速度，停止或启动汽车。

3. 障碍物检测

通过对周围环境图像进行分割，图像分割技术可以识别出车辆、行人、动物等障碍物的位置、形状、速度等信息，从而帮助自动驾驶汽车及时避让，减少碰撞风险。

4. 自动泊车

通过对停车场图像进行分割，图像分割技术可以识别出空闲的停车位、车辆、墙壁等信息，从而帮助自动驾驶汽车自动寻找合适的停车位，完成泊车动作。

1.2.2　图像分割技术在医学影像领域的应用

医学图像分析是一种利用计算机技术对医学影像进行处理和理解的方法，它可以帮助医生和研究者从图像中提取有用的信息，以便进行疾病的诊断、治疗和预防。医学影像是指使用不同的仪器和技术获取的人体内部结构和功能信息的图像。医学影像分析涉及多个学科的知识，如数学、物理、生物、计算机、人工智能等。

医学图像分析的一个重要任务是医学图像分割，即将图像划分为不同的区域，每个区域代表一个特定的对象或类别，如脏器、组织、病变等。医学图像分割的目的是将图像中感兴趣的目标从背景或其他无关的目标中分离出来，以便进行更进一步的分析，如测量、定位、分类、识别等。医学图像分割的难点在于医学影像的复杂性和多样性，如图像质量、对比度、噪声、伪影、形变、遮挡、重叠等。

医学图像分割的应用场景非常广泛，涵盖了各个器官和系统的各种疾病和病理，下面举几个例子。

1. 心脏图像分割

心脏是人体最重要的器官之一，其结构和功能的异常可能导致心血管疾病，如心肌梗死、心脏瓣膜病、心律失常等。心脏图像分割可以帮助医生从心脏的影像中分割出心脏的各个部分，如心房、心室、心壁、心瓣等，以及可能存在的病变，如斑块、血栓、肿瘤等。这样可以方便医生对心脏的形态、大小、厚度、运动、血流等进行量化和评估，以便进行诊断和治疗。心脏图像分割的常用影像来源有超声、CT、MRI 等。

2. 肺部图像分割

肺是人体的呼吸器官，其结构和功能的异常可能导致呼吸系统疾病，如肺癌、肺结核、肺气肿、肺纤维化等。肺部图像分割可以帮助医生从肺部的影像中分割出肺部的各个部分，如肺叶、肺段、肺小叶、肺泡等，以及可能存在的病变，如结节、肿瘤、炎症、纤维化等。这样可以方便医生对肺部的形态、容积、密度等进行量化和评估，以便进行诊断和治疗。肺部图像分割的常用影像来源有 X 射线摄影、CT 等。

3. 脑部图像分割

脑是人体的神经中枢，其结构和功能的异常可能导致神经系统疾病，如脑肿瘤、脑卒中、阿尔茨海默病、帕金森病等。脑部图像分割可以帮助医生从脑部的影像中分割出脑部的各个部分，如大脑、小脑、脑干、脑室、脑回、脑沟等，以及可能存在的病变，如肿瘤、出血、缺血、萎缩等。这样可以方便医生对脑部的形态、大小、厚度、功能区、连接等进行量化和评估，以便进行诊断和治疗。脑部图像分割的常用影像来源有 MRI、正电子发射体层成像（positron emission tomography, PET）等。

医学图像分割的优势在于它可以提供一种自动、精确、定量的方式来分析医学影像，从而辅助医生进行诊断和治疗，提高医疗质量和效率，降低医疗成本和风险。医学图像分割也可以推进医学研究的进展，为疾病的机理、预后、干预等提供数据支持和分析工具。

1.2.3 图像分割技术在视觉导航领域的应用

视觉导航是一种利用视觉信息来指导移动平台（如机器人、无人机等）在环境中进行定位和导航的技术。视觉导航的核心任务是根据视觉传感器（如摄像头）捕获的图像，识别出环境中的有用特征（如建筑物、道路、障碍物等），并根据这些特征计算出移动平台的位置、姿态和运动轨迹，从而实现有效的路径规划和导航。

视觉导航的一个重要步骤是图像分割，即将图像中的像素按照不同的类别（如物体、背景、语义等）进行划分。图像分割可以帮助视觉导航系统提取出环境中的关键信息，如障碍物的位置、形状和大小，道路的边界和方向，建筑物的结构和标志等。这些信息可以用于绘制环境地图，或者与已有的地图进行匹配，从而实现定位和导航。

视觉导航有着广泛的应用场景。

（1）室内导航。室内导航是指在室内环境中（如商场、机场、博物馆等）进行定位和导航的技术，它可以为人们提供便捷的服务和体验。视觉导航技术可以结合室内地图和视觉信息，在室内环境中快速准确地找到目标位置，改善室内导航的用户体验。例如，微软的混合现实头戴式显示器 Hololens，可以通过视觉导航技术，将虚拟的导航信息叠加在真实的室内场景中，为用户提供沉浸式的导航体验。

（2）机器人导航。机器人导航是指让机器人在不同的环境中进行自主移动的技术，它可以为人们提供各种服务和功能。视觉导航技术可以让机器人更好地感知和理解环境，从而完成更灵活和智能的导航行为。例如，iRobot 推出的搭载摄像头、可实现高效全景导航的 Roomba i7+ 系列扫地机器人，可以通过视觉导航技术，自动规划最优的清扫路径，同时避开障碍物和敏感区域。

视觉导航技术的优势主要有以下几点。

（1）视觉信息丰富。视觉信息可以提供环境中的多种特征，如颜色、纹理、形状、深度等，这些特征可以用于提高导航的精度和鲁棒性。

（2）视觉传感器便捷。视觉传感器（如摄像头）相比于其他传感器（如激光雷达、GPS 等），具有更低的成本、更小的体积、更轻的重量、更低的功耗等优点，这使得视觉导航技术更容易被集成到各种移动平台上。

（3）视觉导航自然。视觉导航技术可以模仿人类的视觉系统，实现与人类类似的导航方式，更符合人类的直觉和习惯，更易于与人类进行交互和协作。

1.3 图像分割的挑战和难点

图像分割技术已经在越来越多的行业中占据重要地位，其技术的迭代速度也是日新月异。但是，目前来看图像分割技术的发展还是受到了以下几个因素的困扰。

1.3.1 缺乏统一标准的挑战

从 1.1 节的内容中可以看到，图像分割算法的分类是非常繁杂多样的，这就导致无法形成统一的标准和模式。

由于分割算法的多样性和复杂性，不同的分割算法可能有不同的理论基础、实现方法、应用领域等，因此分割算法的交流和共享存在一定的障碍和困难。不同的分割算法有不同的输入格式、输出格式、参数设置、运行环境等，也有不同的优缺点、局限性、适用性等。分割算法的使用者和开发者只有对这些进行详细的了解，才能有效地利用和改进分割算法。然而，由于对分割算法的评价和比较缺乏统一的标准和模式，也难以对分割算法进行客观和公正的评价和比较，因此分割算法的交流和共享深受影响。

从成因上讲，分割算法的种类繁多主要是因为不同的问题或数据结构有着不同的特点和需求，所以需要针对不同的场景设计不同的分割算法。比如对于图像分割，不同的图像类型（如灰度图、彩色图、二值图等）、不同的图像内容（如人脸、车辆、动物等）、不同的图像质量（如清晰度、噪声、光照等）等，都会影响分割算法的选择和效果。为了适应不同的图像分割任务，人们提出了许多不同的分割算法，这些分割算法各有优劣，适用于不同的情况，但是也导致了分割算法的种类非常多，难以概括和归类。

分割算法无法形成统一的标准和模式还有一个原因，即分割算法的评价和比较是一个复杂的问题，涉及多个方面的因素，如分割的目的、分割的对象、分割的准则、分割的效果、分割的效率等。不同的分割算法有不同的侧重点和适用范围，难以用一个通用的评价标准和模式来衡量和比较。对于图像分割，常用的评价指标有分割的准确度、分割的稳定性、分割的速度、分割的复杂度等。但是，这些指标并不能完全反映分割算法的优劣，也不能适用于所有的分割场景。有些分割算法在某些指标上表现很好，但在其他指标上表现很差，或者在某些场景下表现很好，但在其他场景下表现很差。因此，分割算法的评价和比较是一个多目标、多约束、多标准的问题，难以形成统一的标准和模式。

1.3.2　技术实现层面的挑战

分割算法的效果受到多种因素的影响，难以保证稳定和准确。这些因素可以分为两类：内部因素和外部因素。内部因素是指分割算法本身的设计和实现，包括算法的原理、参数、优化、适应性等方面；外部因素是指分割算法所处理的问题或数据结构的复杂性，包括噪声、分辨率、光照、遮挡、形变、尺度、角度、颜色、纹理等方面。这些因素会导致分割算法的效果出现以下几种问题。

1. 过分割或欠分割

过分割是指分割算法将一个目标区域错误地分割成多个子区域，导致目标的完整性和一致性被破坏。欠分割是指分割算法将多个目标区域错误地合并成一个区域，导致目标的区分性和独立性被破坏。过分割或欠分割的原因可能是分割算法的阈值或参数设置不合理，或者分割算法对目标和背景的灰度、颜色、纹理等特征的判别能力不足，或者分割算法对噪声、光照、遮挡等干扰因素的抑制能力不强。

2. 边缘不清晰或不连续

边缘是指目标区域和背景区域的交界处，它反映了目标的形状和轮廓。边缘不清晰是指分割算法无法准确地定位和提取边缘，导致边缘模糊和失真。边缘不连续是指分割算法无法完整地保持边缘的连贯性，导致边缘断裂和缺失。边缘不清晰或不连续的原因可能是分割算法的边缘检测或提取方法不够敏感或稳定，或者分割算法对分辨率、光照、形变、角度等变化因素的适应能力不足。

3. 区域不完整或不一致

区域是指分割算法所提取的目标区域，它反映了目标的内容和属性。区域不完整是指分割算法无法覆盖目标的全部范围，导致目标的缺失和残缺。区域不一致是指分割算法无法保持目标区域的内部一致性，导致目标的分裂和混杂。区域不完整或不一致的原因可能是分割算法的区域合并方法不够有效或准确，或者分割算法对尺度、颜色、纹理等差异因素的区分能力不足。

分割算法效果的好坏直接影响了分割结果的质量和可靠性，进而影响后续的图像分析和处理的效果和效率。例如，在医学影像处理中，分割算法的效果决定了医生能否准确地识别和定位病灶，从而影响了诊断和治疗的准确性和及时性；在智能安防中，分割算法的效果决定了监控系统能否有效地检测和识别目标，从而影响了安全和预警的有效性和及时性；在无人驾驶中，分割算法的效果决定了车辆能否正确地感知和理解周围的环境，从而影响了导航和控制的安全性和稳定性。

1.3.3 计算资源限制的挑战

分割算法的效率受到计算资源的限制，难以满足实时和大规模的需求是一个普遍存在的挑战。

分割算法通常需要对大量的数据进行复杂的运算，例如求解微分方程、优化目标函数、构建图模型、执行深度神经网络等。这些运算需要消耗大量的时间和空间，对计算资源的要求较高，难以在有限的硬件条件下实现高效的分割。特别是对于实时和大规模的分割任务，例如视频分割、卫星图像分割、医学图像分割等，分割算法的效率更是至关重要。因为这些任务不仅要求分割的准确性和鲁棒性，还要求分割的速度和可扩展性，以适应动态变化的场景和海量的数据。

为了说明分割算法的效率问题，从以下几个方面进行分析。

1. 数据量

分割算法需要处理的数据量往往非常大，尤其对于视频分割和卫星图像分割等任务，每一帧或每一幅图像都可能包含数百万或数千万个像素，而且要考虑时间维度或空间维度的连续性和一致性。这就导致分割算法需要存储和处理大量的数据，占用大量的内存和带宽，增加了计算的复杂度和开销。

2. 运算量

分割算法需要对数据进行复杂的运算，这些运算往往涉及高维的矩阵或张量的运算，例如卷积、池化、转置、乘法、求和、求导等。这些运算离不开大量的中央处理器（central processing unit, CPU）或图形处理器（graphics processing unit, GPU）以及相应的算法和库的支持，增加了计算的难度和时间。

3. 算法性能

分割算法需要在准确性和速度之间进行权衡，以达到最佳的效果。一方面，分割算法需要准确地识别和分离出感兴趣的对象或区域，同时排除噪声、遮挡、光照、形变等干扰因素，提高分割的精度和鲁棒性。另一方面，分割算法需要快速地对数据进行分割，满足实时或近实时的要求，降低分割的延迟和开销。这两方面往往是相互矛盾的，提高一方面的性能往往会牺牲另一方面的性能，因此需要根据不同的应用场景和需求进行合理的选择和优化。

第 2 章　神经网络基础

2.1　机器学习

2.1.1　机器学习概述

机器学习是一门集计算、统计和算法研究于一体的学科，其主要内容是通过开发算法和统计模型，使计算机系统能够通过经验自我改善其性能而无须明确的编程指令。机器学习的核心在于构建学习算法，利用算法基于已有数据创建模型，这些模型能够进一步基于后续提供给它们的数据做出预测或决策，从而执行特定任务。机器学习的目标是识别数据中的模式和规律，并利用这些模式和规律根据未来数据进行预测，指导行为。

机器学习的关键点在于模型的选择、训练和评估。模型的选择取决于具体的任务、数据的特点以及所需的性能。一旦选择了模型，接下来的任务便是训练，即使用数据来调整模型的参数，以最小化预测错误。模型的评估则是通过测试集来检验其泛化能力，即对新数据的处理能力。

机器学习的应用极为广泛，从日常生活中的推荐系统到复杂的科学研究，比如在生物信息学、金融市场分析、图像和语音识别、自动驾驶汽车等领域都有其身影。这些应用的共同点在于都涉及从大量数据中提取有用信息的需求。机器学习方法通常被分为几种类型：监督学习（supervised learning, SL）、非监督学习（unsupervised learning, UL）、半监督学习（semi-supervised learning, SSL）和强化学习（reinforcement learning, RL）。监督学习对带有标签的数据进行集中学习，可以预测或分类新数据。非监督学习处理没有标签的数据集，目的在于发现数据内在的结构。半监督学习结合了监督学习和非监督学习的特点，处理部分标记的数据集。强化学习侧重于开发能够在给定环境中做出决策的智能体，通过试错来学习策略。

2.1.2 机器学习的主要概念

1. 数据集

数据集是机器学习中基本的概念之一，它是指一组相关数据的集合，通常用来训练和测试机器学习模型。根据不同的任务和目标，如分类、回归、聚类等，数据集可以分为不同的类型。数据集通常由样本、特征和标签组成。

如果把数据集看作一个矩阵，则样本是数据集中的每一行数据，代表一个观察对象或实例，如一个人、一张图片、一篇文章等。特征是数据集中的每一列数据，代表一个属性或变量，如年龄、颜色、长度等。特征可以是数值型或类别型的，也可以是结构化或非结构化的；标签是数据集的一个特殊的特征，代表样本所属的类别或输出值，如是否患病、房价、情感等。标签可以是二分类、多分类或多标签的，也可以是连续型或离散型的。

数据集的划分是机器学习中的一个重要步骤，通常将数据集分为训练集、验证集和测试集，以便进行模型的训练、调整和评估。

训练集是用来训练模型的数据，用于学习数据的规律和特征，优化模型的参数；验证集是用来调整模型的数据，用于选择最优的超参数，比如学习率、迭代次数等，以及比较不同的模型或算法；测试集是用来评估模型的数据，用于测试模型在未知数据上的泛化能力，以及得到模型的最终性能指标，如准确率、召回率、F1 值等。

创建数据集需要考虑数据的来源、质量、数量、分布、代表性、平衡性等因素，以及数据的清洗、预处理、标注、增强等方法。数据集的创建方法可以分为以下几种。

（1）人工创建。通过人工收集、筛选、标注等方式创建数据集，适用于数据量较小、质量较高、标准较明确的场景，如医学图像、语音识别等。

（2）网络爬取。通过网络爬虫、API 等方式从互联网上获取数据，适用于数据量较大、质量较低、标准较模糊的场景，如文本分类、情感分析等。

（3）数据生成。通过模拟、合成、变换等方式生成数据，适用于数据量较少、质量较差、标准较复杂的场景，如图像风格转换、文本摘要等。

2. 假设空间

假设空间是所有可能的由输入空间到输出空间的映射的集合，换句话说，假设空间就是机器学习算法可以考虑的所有模型的集合。假设空间的确定意味着学习的范围的确定，因此假设空间的选择对机器学习的效果有很大的影响。

假设空间的大小取决于输入空间和输出空间的大小，以及模型的复杂度。输入空间和输出空间越大，模型越复杂，假设空间就越大。假设空间越大，意味着机器学习算法可以考虑的可能性越多，也就越有可能找到一个合适的模型来拟合数据。但是，假设空间过大也会带来一些问题，比如假设空间过大会导致搜索空间过大，使得机器学习算法的计算复杂度增加，运行时间变长，甚至无法在有限的时间内找到最优解；假设空间过大还会导致过拟合的风险增加，即模型过于复杂，以至于不仅拟合了数据的规律，还拟合了数据的噪声，从而导致模型的泛化能力下降，无法适应新的数据。

因此，假设空间的选择需要在模型的复杂度和泛化能力之间做一个平衡，既不能过大也不能过小。一种常用的方法是通过正则化来控制模型的复杂度，即在模型的损失函数中加入一个与模型参数相关的惩罚项，使得模型在拟合数据的同时，尽量保持参数的简洁和稀疏。

假设判断一本书是否值得阅读，可观察三个属性：作者、书籍类别和页数。每个属性有三种可能的取值。

（1）作者：A、B、C。

（2）书籍类别：小说类、非小说类、科学技术类。

（3）页数：小于200页、200～400页、大于400页。

其输入空间大小为$3\times3\times3=27$，即27种可能的书。输出空间大小为2，即值得或不值得阅读。假设空间大小为2^{27}，即2^{27}种可能的由输入空间到输出空间的映射。每种映射是一个假设，代表一种判断书籍的规则。例如某假设可能为：

如果作者是A，书籍类别为小说类，页数小于200页，则值得阅读；

如果作者是C，书籍类别为科学技术类，页数大于400页，则值得阅读；

其他情况都不值得阅读。

这个假设将输入空间中的两个元素映射为值得阅读，其余25个元素映射为不值得阅读。此假设可表示为27位二进制数，如：

100000000000000000000000010

每位对应输入空间的一个元素，0表示不值得阅读，1表示值得阅读。假设空间包含所有可能的27位二进制数。其中大多数规则可能无意义或错误。机器学习的目的是在假设空间中找到最合理的假设，即最好地拟合已知数据且泛化到未知数据的假设。

为了简化问题，可以对假设空间进行一些限制，比如只考虑一些特定形式的假设，或者只考虑一些满足某些条件的假设。这样做的好处是可以减少搜索空间，降低计算复杂度，避免过拟合。但是，这样做的坏处是可能会排除一些真正有效的假设，导致欠拟合。因此，对假设空间的限制需要根据具体的问题和数据进行合理的选择。

3. 归纳偏好

机器学习是一门研究如何让计算机从数据中学习规律和知识的科学。机器学习的目标是找到一个能够对未知数据进行正确预测或判断的模型或函数。为了达到这个目标，机器学习算法需要在给定的数据集上进行训练，即根据数据集中的输入和输出之间的关系，搜索一个最优的假设来拟合数据。

然而，在实际的机器学习问题中往往存在着多个假设都能够很好地拟合训练数据，但是对未知数据的泛化能力却不尽相同。这就涉及一个重要的问题：在众多可能的假设中，机器学习算法应该如何选择一个最优的假设？这个问题也被称为“归纳偏好”问题。

归纳偏好是机器学习算法在学习过程中对某种类型假设的偏好，它反映了机器学习算法本身所做的关于“什么样的模型更好”的假设。归纳偏好是机器学习算法的本质属性，任何一个有效的机器学习算法都必须有其归纳偏好，否则它将无法在假设空间中进行有效的搜索，也无法产生确定的学习结果。

归纳偏好的作用是帮助机器学习算法在众多可能的函数或概念空间中进行搜索，并选择最符合问题背景的函数或概念。通过引入归纳偏好，算法可以更快地收敛到较好的模型，降低学习成本和提高泛化能力。

归纳偏好的形式有多种，常见的有以下几种。

（1）奥卡姆剃刀（Occam’s razor）原则。在多个假设都能够解释数据的情况下，选择最简单的那个。这种归纳偏好认为，简单的假设更容易被证伪，也更不容易过拟合数据。例如，决策树算法就是基于这种原则，它倾向于选择较短的树来表示概念。

（2）最小描述长度（minimum description length）原则。在多个假设都能够解释数据的情况下，选择能够用最少的信息量来描述数据和假设的那个。这种归纳偏好认为，信息量越少，复杂度越低，泛化能力越强。例如，支持向量机算法就是基于这种原则，它倾向于选择边缘最大的超平面来划分数据。

（3）最大后验概率（maximum posterior probability）原则。在多个假设都能够解释数据的情况下，选择能够使后验概率最大的那个。这种归纳偏好认为，后验概率越大，信度越高，准确性越高。例如，朴素贝叶斯算法就是基于这种原则，它倾向于选择能够使类条件概率最大的类别来分类数据。

2.2 神经网络的架构综述与设计原则

2.2.1 基本概念

神经网络是一种模仿人类神经系统的计算模型，它由大量的基本单元——神经元组成。神经元是神经网络的核心，它负责接收、处理和传递信息。神经元之间根据权重连接，形成复杂的网络结构，能够实现从输入到输出的高度自适应和非线性映射。

神经网络中的神经元概念受生物神经系统的功能启发而来，在生物学中神经元是神经系统的基本单位，负责处理和传递化学和电信号，包括信号的接收、整合和传输。在神经网络中这一过程被抽象为数学函数，即神经元接收一组输入并对输入进行加权求和，加权和通过一个非线性转换函数产生一个输出。

一个神经元的工作可以被视为以下几个步骤的组合。

（1）加权和。神经元接收一组输入 $\{x_1, x_2, \cdots, x_n\}$，每个输入 x_i 都有一个相应的权重 w_i。这些输入被加权并求和，数学上表示为 $\sum_{i=1}^{n} w_i x_i$。

（2）偏置加入。加权和之后，通常会加入一个偏置项 b，它被视为调整神经元激活阈值的方式。因此，神经元的总输入为 $\sum_{i=1}^{n} w_i x_i + b$。

（3）激活函数。最后总输入通过一个非线性激活函数 f 进行转换，

输出 $f\left(\sum_{i=1}^{n} w_i x_i + b\right)$。激活函数的选择决定了神经元如何对输入进行非线性映射。

以 Python 为例，一个简单的神经元可以这样实现。

```
import numpy as np

def neuron(inputs, weights, bias, activation_function):
    total_input = np.dot(weights, inputs) + bias
    return activation_function(total_input)

# 示例：使用 ReLU 函数
def relu(x):
    return max(0, x)
# 输入、权重和偏置
inputs = np.array([1.0, 2.0, 3.0])
weights = np.array([0.2, 0.8, -0.5])
bias = 2.0
# 神经元输出
output = neuron(inputs, weights, bias, relu)
print(output)
```

neuron 函数计算了输入的加权和，加上偏置后，通过线性整流函数（rectified linear unit, ReLU）进行了转换。

在一个完整的神经网络中，多个这样的神经元被组织在层中，每层的输出成为下一层的输入。这样的结构允许神经网络学习和表示复杂的、层次化的数据模式。神经元之间可以通过权重连接并传递信号，形成不同的层次结构，神经网络的基本层次结构可以分为三部分。

（1）输入层。输入层为第一层，直接接收原始数据。输入层负责接收外部输入的数据，通常需要进行预处理，如归一化、特征选择等。

（2）隐藏层。隐藏层包含一个或多个中间层，处理输入数据，提取特征。隐藏层通过多层神经元的组合，对输入数据进行非线性转换。

（3）输出层。输出层为最后一层，生成网络的最终输出。输出层将隐藏层的结果转化为实际输出，通常需要进行后处理，如概率归一化、归一化指数函数（softmax 函数）等。

神经元在神经网络中的作用是多方面的：每个神经元可以被看作一个执行特定函数的小处理器，网络中不同的神经元可以学习数据中的不同特征；在分类任务中，神经网络通过调整权重和偏置来形成决策边界，神经元的激活模式决定了这些边界的形状；通过非线性激活函数，神经元帮助神经网络捕获输入数据中的复杂和非线性模式。

下面介绍一些神经网络的常用术语。

（1）感受野。感受野是神经网络每一层输出的特征图上每个像素点映射回输入图像上的区域大小。神经元感受野的范围越大，表示其能接触到的原始图像范围就越大，也意味着它能学习更全局、语义层次更高的特征信息。神经元感受野的范围越小，表示其所包含的特征越趋向局部和细节。

（2）分辨率。分辨率在神经网络中指的是输入模型的图像尺寸，即长和宽的大小。通常情况下会根据模型下采样次数和最后一次下采样后特征图的分辨率来决定输入分辨率的大小，即 $r = 2^n \times k$，其中 r 是输入分辨率，n 是下采样次数，k 是最后一层特征图的分辨率。分辨率越大，输入的信息越丰富，但计算量也越大。

（3）深度。深度指的是神经网络的层数，或者是由多个卷积层组成的模块的个数。深度越大，神经网络的表达能力越强，但也可能带来梯度消失、过拟合等问题。

（4）宽度。宽度是神经网络中最大的通道数，由卷积核数量最多的层决定。宽度越大，神经网络在某一层学到的信息量越多，但也会增加参数量和计算量。

（5）下采样。下采样指通过池化层或者步长为 2 的卷积层来减小特征图的尺寸。其有两个作用：一是减少计算量，防止过拟合；二是增加感受野，使得后面的卷积核能够学到更加全局的信息。

（6）上采样。上采样指通过插值、转置卷积或者最大反池化等方式来增大特征图的尺寸，通常用于图像的语义分割、超分辨率等任务，目的是将图像恢复到原来的尺寸以便进行进一步的计算。

（7）参数量。参数量指的是神经网络中可学习变量的数量，包括卷积核的权重、批量归一化的缩放系数和偏移系数、全连接层的权重和偏置等。参数量越大，则该结构对运行平台的内存要求越高，也容易导致过拟合。

（8）计算量。计算量指的是神经网络的前向推理过程中乘加运算的次数，通常用浮点运算次数（floating point operations, FLOPs）来表示，即浮点运算数。计算量越大，则该结构对运行平台的处理器性能要求越高，也会影响运行速度。

2.2.2　常用模型

神经网络的模型有很多种，根据不同的任务和数据类型，可以分为以下几类。

1. 全连接网络

全连接网络是最简单的神经网络模型，每一层的神经元都与上一层的所有神经元相连，没有空间结构，适用于处理一维的数据，如文本、音频等。全连接网络的优点是结构简单，易于实现，缺点是参数量大，计算量高，不能有效地利用图像的空间信息。

2. 卷积神经网络

卷积神经网络是一种利用卷积核对输入数据进行局部感知和特征提取的神经网络模型，具有空间结构，适用于处理二维或三维的数据，如图像、视频等。卷积神经网络的优点是参数量小，计算量低，能够有效地利用图像的空间信息，缺点是结构复杂，难以设计，需要大量的数据和计算资源来训练。卷积神经网络是本书后续内容主要涉及的神经网络模型。

3. 循环神经网络

循环神经网络是一种能够处理序列数据的神经网络模型，具有时间结构，适用于处理具有时序关系的数据，如语音、自然语言等。循环神经网络的优点是能够捕捉序列数据的长期依赖关系，缺点是存在梯度消失或爆炸问题，难以并行计算，需要大量的数据和计算资源来训练。

4. 自编码器

自编码器是一种能够实现数据的压缩和重建的神经网络模型，由编码器和解码器两部分组成，编码器将输入数据映射到一个低维的隐含空间，解码器将隐含空间的数据还原到原始空间。自编码器的优点是能够学习数据的内在结构和特征，缺点是可能出现信息丢失或过拟合的问题。

5. 生成对抗网络

生成对抗网络是一种能够实现数据的生成和判别的神经网络模型，由生成器和判别器两部分组成，生成器试图生成与真实数据相似的假数据，判别器试图区分真实数据和假数据。生成对抗网络的优点是能够生成高质量和多样性的数据，缺点是训练过程不稳定，需要平衡生成器和判别器的能力。

2.2.3 设计原则

神经网络的架构设计没有固定的规则和标准，但是有一些通用的原则和技巧，可以指导进行有效的设计。

1. 避免表示瓶颈

表示瓶颈是指神经网络中某一层的输出特征图的通道数或者分辨率过小，导致信息丢失或者压缩，影响网络的表达能力。为了避免表示瓶颈，应该保持神经网络中每一层的输出特征图的通道数和分辨率相对稳定，或者适当增加，避免出现突然的下降。

2. 平衡神经网络的深度和宽度

神经网络的深度和宽度是影响神经网络性能的两个重要因素，神经网络越深越宽，神经网络的表达能力越强，但也会带来更大的参数量和计算量，以及梯度消失或爆炸等问题。为了平衡神经网络的深度和宽度，应该根据任务的复杂度和数据的规模，选择合适的深度和宽度，避免过深或过浅、过宽或过窄的神经网络结构。

3. 提升神经网络的表示能力

神经网络的表示能力是指神经网络能够学习和提取数据的有效特征的能力，它决定了神经网络的泛化能力和性能。为了提升神经网络的表示能力，应该使用一些能够增加神经网络的非线性和多样性的方法，如使用不同尺寸的卷积核、使用多分支的模块、使用残差连接或者密集连接等。

4. 降低神经网络的复杂度

神经网络的复杂度是指神经网络的参数量和计算量，它决定了网络的运行效率和资源消耗。为了降低神经网络的复杂度，应该使用一些能够减少神经网络的参数量和计算量的方法，如使用深度可分离卷积、分组卷积、特征复用等。

2.3　神经网络的关键机制

2.3.1　激活函数

1. 激活函数的概念与性质

激活函数的原理是通过对输入信号进行非线性变换，来实现神经元的激活或抑制，从而模拟生物神经元的工作机制。在数学上，激活函数是一种将神经元的输入映射到输出的函数，通常用符号 f 表示。引入激活函数是为了增强神经网络的非线性能力，使得神经网络可以拟合复杂的函数和模式。

激活函数的输入是神经元的加权和，即

$$z=\sum_{i=1}^{n} w_i x_i + b \tag{2-1}$$

式中：w_i 表示第 i 个输入 x_i 对应的权重；b 表示偏置项。激活函数的输出是神经元的激活值，即

$$a=f(z) \tag{2-2}$$

式中：a 表示神经元的输出，也表示下一层神经元的输入。激活函数的作用是对输入 z 进行非线性变换，使得神经元的输出 a 不仅取决于输入 x_i 的线性组合，也能够表达更复杂的函数关系。

激活函数的性质决定了神经网络的特征和能力，不同的激活函数有不同的优缺点和适用场景。一个好的激活函数应该具备以下特性。

（1）非线性。激活函数应该是非线性的，这样才能使神经网络拟合非线性函数。如果激活函数是线性的，那么无论神经网络有多少层，其输出都是输入的线性组合，相当于一个单层神经网络。

（2）可微。激活函数应该是可微的，这样才能使用基于梯度的优化算法，如梯度下降法，来更新神经网络的参数。梯度是激活函数的导数，表示输出对输入的变化率，用于指导参数的调整方向和幅度。

（3）单调。激活函数应该是单调的，这样才能保证神经元的单调性，即输入值越大，输出值越大或越小。这样可以避免神经元的输出出现振荡或者反转的情况，影响神经网络的稳定性和收敛性。

（4）有界。激活函数的输出应该有一个上界和一个下界，这样可以防止梯度爆炸或者梯度消失的问题，即梯度变得过大或者过小，导致参数更新失控或者停滞。有界的激活函数也可以起到一定的正则化作用，

防止过拟合。

（5）接近零中心。激活函数的输出应该接近零中心，即正负值的均值接近零，这样可以加速神经网络的训练，使梯度的方向更加一致，避免出现相互抵消或者反向的情况。

2. 激活函数的分类

根据激活函数的形式和特点，可以将激活函数分为以下几类。

（1）阈值型激活函数。阈值型激活函数是一种最简单的激活函数，它的输出只有两个离散的值，通常是 0 和 1，或者 -1 和 1。它的数学表达式是

$$f(z)=\begin{cases}1, & z\geqslant 0\\ 0, & z<0\end{cases} \tag{2-3}$$

阈值型激活函数的优点是计算简单，输出清晰，可以用来表示二元分类或者逻辑判断。它的缺点是不连续、不可微、不单调，容易造成神经元的死亡，不适合用于多层神经网络。

（2）S 型激活函数。S 型激活函数是一种常见的激活函数，它的输出范围是 (0，1) 或者 (-1，1)，它的函数图像呈 S 形曲线。它的数学表达式是

$$f(z)=\frac{1}{1+\mathrm{e}^{-z}} \tag{2-4}$$

S 型激活函数的优点是输出有界，连续可微，单调递增，平滑性好，可以用来表示概率或者逻辑值。它的缺点是容易导致梯度消失，函数输出不是接近零中心的，计算量相对较大。

（3）双曲正切型激活函数。双曲正切型激活函数是一种改进的 S 型激活函数，它的输出范围是 (-1，1)，它的函数图像也呈 S 形曲线。它的数学表达式是

$$f(z)=\frac{\mathrm{e}^{z}-\mathrm{e}^{-z}}{\mathrm{e}^{z}+\mathrm{e}^{-z}} \tag{2-5}$$

双曲正切型激活函数的优点是输出接近零中心，比 S 型激活函数更有利于训练，其他性质和 S 型激活函数类似。它的缺点也是容易导致梯度消失，计算量也相对较大。

（4）线性整流型激活函数。线性整流型激活函数是一种非饱和的激活函数，它的输出范围是 $[0, +\infty)$，它的函数图像是一条折线。它的数学表达式是

$$f(z)=\max(0, z) \tag{2-6}$$

线性整流型激活函数的优点是简单高效，不会导致梯度消失，可以加速神经网络的收敛，适用于深层神经网络。它的缺点是输出不是接近零中心的，可能导致梯度爆炸，也可能导致神经元的死亡，即输出永远为零。

（5）带泄露的线性整流型激活函数。带泄露的线性整流型激活函数是一种改进的线性整流型激活函数，它的输出范围是 $(-\infty, +\infty)$，它的函数图像是一条折线，但是在负数部分有一个非零的斜率。它的数学表达式是

$$f(z)=\begin{cases} z, & z \geqslant 0 \\ \alpha z, & z<0 \end{cases} \tag{2-7}$$

式中：α 表示一个小于 1 的正常数，通常取 0.01。

带泄露的线性整流型激活函数的优点是避免了神经元死亡的问题，即当输入为负时，输出和梯度仍然不为零，可以保持神经元的激活状态。它的缺点是输出仍然不是接近零中心的，可能导致梯度爆炸，而且 α 的取值需要人为设定或者学习，增加了复杂度。

（6）指数线性整流型激活函数。指数线性整流型激活函数是一种近似的线性整流型激活函数，它的输出范围是 $(-1, +\infty)$，它的函数图像是一个平滑的曲线，但是在负数部分有一个指数衰减的形式。它的数学表达式是

$$f(z)=\begin{cases} z, & z\geqslant 0 \\ \alpha(e^{z}-1), & z<0 \end{cases} \tag{2-8}$$

式中：α表示一个小于 1 的正常数，通常取 0.01。

指数线性整流型激活函数的优点是输出接近零中心，可以加速神经网络的训练，而且在负数部分有一定的饱和性，可以提高神经网络的鲁棒性。它的缺点是计算量相对较大，而且α的取值需要人为设定或者学习，增加了复杂度。

2.3.2　损失函数

损失函数的作用是衡量模型的预测值$f(x)$与真实值Y的不一致程度，反映了模型的好坏和优化的方向。损失函数是一个非负实值函数，通常用$L[Y,f(x)]$来表示，损失函数越小，模型的性能就越好。

损失函数的引入是为了使模型能够从数据中学习和拟合，通过最小化损失函数来优化模型的参数，使模型能够更好地逼近真实的数据分布和规律。损失函数的选择和设计是机器学习和深度学习的重要部分，不同的损失函数有不同的特点和适用场景，需要根据模型的目标和任务来确定。

损失函数可以分为两大类：基于距离的损失函数和基于概率的损失函数。

基于距离的损失函数是将模型的预测值和真实值看作空间中的点，通过计算它们之间的距离来衡量误差，常见的距离度量有欧氏距离、曼哈顿距离、切比雪夫距离等。基于距离的损失函数通常用于回归问题，即模型的输出是一个连续的数值，例如预测房价、股票价格等。基于距离的损失函数的优点是直观、简单、易于计算，缺点是对离群值和噪声敏感，容易受到数据尺度的影响。

基于距离的损失函数可以用以下公式表示。

$$L[Y,\ f(x)]=d[Y,\ f(x)] \tag{2-9}$$

式中：d 表示一个距离度量函数。

欧氏距离可表示为

$$d\left[Y，f(x)\right]=\sqrt{\sum_{i=1}^{n}\left[Y_i-f(x_i)\right]^2} \tag{2-10}$$

曼哈顿距离可表示为

$$d\left[Y，f(x)\right]=\sum_{i=1}^{n}|Y_i-f(x_i)| \tag{2-11}$$

切比雪夫距离可表示为

$$d\left[Y，f(x)\right]=\max_{i=1}^{n}|Y_i-f(x_i)| \tag{2-12}$$

基于概率的损失函数是将模型的预测值和真实值看作概率分布，通过计算它们之间的相似度或差异度来衡量误差，常见的概率度量有交叉熵、库尔贝克－莱布勒散度（KL 散度）、詹森－香农散度（JS 散度）等。基于概率的损失函数通常用于分类问题，即模型的输出是一个离散的类别，例如预测图片的标签、文本的情感等。基于概率的损失函数的优点是能够反映概率的不确定性和多样性，适用于多分类和多标签的情况；缺点是计算复杂，需要对概率进行归一化和平滑处理。

基于概率的损失函数可以用以下公式表示。

$$L\left[Y，f(x)\right]=D\left[Y，f(x)\right] \tag{2-13}$$

式中：D 表示一个概率分布度量函数。

交叉熵可表示为

$$D\left[Y，f(x)\right]=-\sum_{i=1}^{n}Y_i\log f(x_i) \tag{2-14}$$

KL 散度可表示为

$$D\left[Y，f(x)\right]=\sum_{i=1}^{n}Y_i\log\frac{Y_i}{f(x_i)} \tag{2-15}$$

JS 散度可表示为

$$D\left[Y, f(x)\right]=\frac{1}{2}\sum_{i=1}^{n}Y_i\lg\lg\frac{2Y_i}{Y_i+f(x_i)}+\frac{1}{2}\sum_{i=1}^{n}f(x_i)\lg\lg\frac{2f(x_i)}{Y_i+f(x_i)} \quad (2\text{-}16)$$

2.3.3　优化算法

神经网络的目的是通过学习大量的数据，来实现各种任务，如分类、回归、聚类、生成等。为了让神经网络能够学习，需要定义一个损失函数（或代价函数）来衡量神经网络的输出与期望的目标之间的差异。损失函数是一个关于神经网络的参数（如权重和偏置）的函数，找到一组参数使得损失函数达到最小值（或最大值），这就是优化的目标。

优化算法是一种寻找最优参数的方法，它通常基于损失函数的梯度来更新参数。梯度是一个向量，它表示损失函数在某个点的方向导数沿着该方向取得最大值，也就是损失函数变化最快的方向。沿着梯度的反方向更新参数，就可以使损失函数减小，这就是梯度下降法的基本思想。

梯度下降法有多种变体，根据每次更新参数时使用的数据量的不同，可以分为批量梯度下降（batch gradient descent, BGD）、随机梯度下降（stochastic gradient descent, SGD）和小批量梯度下降（mini-batch gradient descent, MBGD）。BGD 每次使用整个数据集来计算梯度，但是计算量大，收敛速度慢；SGD 每次使用一个数据样本来计算梯度，但是梯度方差大，收敛不稳定；MBGD 每次使用一小部分数据样本来计算梯度，是一种折中的方法，既可以减少计算量，又可以减小梯度方差。

梯度下降法的另一个重要因素是学习率，它决定了每次更新参数的步长。学习率过小，会导致收敛过慢；学习率过大，会导致收敛不稳定，甚至发散。因此，选择合适的学习率是优化的一个关键问题。一种常用的方法是使用动态学习率，即根据训练的进程和梯度的大小，自适应地调整学习率。

除了梯度下降法，还有一些其他的优化算法，它们都是在梯度下降法的基础上，引入了一些改进的技巧，以提高优化的效率和效果。例如，动量（momentum）法利用了历史梯度的信息，来加速收敛，并克服局部最优的问题；涅斯捷罗夫动量（Nesterov momentum）法在动量法的基础上，增加了一个预测的步骤，来提前校正梯度的方向；自适应梯度（adaptive gradient, AdaGrad）算法根据参数的更新频率，来调整各个参数的学习率，使得稀疏的参数有更大的更新，而频繁的参数有更小的更新；自适应增量（adaptive delta, AdaDelta）法在自适应梯度算法的基础上，引入了一个衰减因子，来避免学习率过快下降的问题；均方根传播（root mean square propagation, RMSprop）算法在自适应增量法的基础上，增加了一个动量项，来平滑梯度的变化；自适应矩估计（adaptive moment estimation, Adam）法结合了 momentum 法和 RMSprop 算法的优点，同时使用了一阶矩和二阶矩来估计梯度的方向和大小，是一种非常高效的优化算法。

2.3.4 反向传播

反向传播是神经网络通过调整神经元的权重和偏置来最小化其预测输出误差的过程。反向传播的基本思想是利用损失函数的梯度，即损失函数对各个参数的偏导数，来更新参数。

反向传播的过程可以分为两个步骤：前向传播和反向传播。前向传播是指从输入层到输出层，逐层计算神经元的输出值，直到得到最终的预测结果。反向传播是指从输出层到输入层，逐层计算损失函数对各个参数的梯度，并根据梯度更新参数。

反向传播算法的训练过程一般分为以下几步。

1. 前向传播

将输入数据送入神经网络的输入层，通过各个层的神经元计算，最终得到输出结果。在计算的过程中，将每个神经元的加权和、激活函数输出和权重值保存下来。

2. 计算输出误差

将输出结果与真实值进行比较，计算输出误差。常用的误差计算方法包括均方误差（MSE）和交叉熵等。

3. 反向传播误差

从输出层开始，根据链式法则，计算每个神经元对输出误差的贡献，将误差信号向后传递，直到计算出所有神经元的误差信号。

4. 计算梯度

根据误差信号和保存下来的加权和、激活函数输出和权重值，计算每个神经元的权重梯度和偏置梯度。

5. 更新权重

根据计算出的梯度值，使用梯度下降法或其他优化算法，更新神经元之间的连接权重和偏置。

6. 重复上述步骤

将训练数据集的所有样本都送入神经网络进行训练，重复执行上述步骤，直到达到预定的训练次数或误差达到一定的要求为止。

下面以一个简单的三层结构的神经网络为例，具体说明反向传播的过程（图 2–1）。

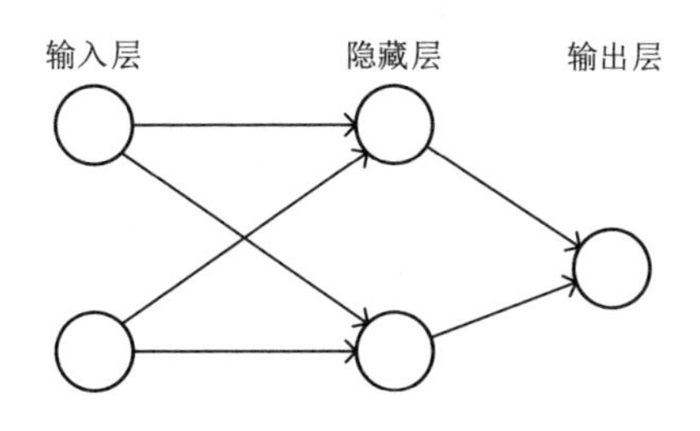

图 2–1　三层结构的神经网络示例

如图 2–1 所示，这个神经网络有两个输入节点、两个隐藏节点和一个输出节点。用 x_1 和 x_2 表示输入值，用 y 表示输出值，用 t 表示目标值，用 w_{ij} 表示第 i 层到第 j 层的权重，用 b_j 表示第 j 层的偏置，用 h_j 表示第 j 层的输出值，用 a_j 表示第 j 层的输入值，用 f 表示激活函数，用 L 表示损失函数，用 η 表示学习率。

将提供的多行公式转换为多个行间公式，单独表示如下。

前向传播的过程

$$a_1 = x_1 w_{11} + x_2 w_{21} + b_1 \tag{2-17}$$

$$h_1 = f(a_1) \tag{2-18}$$

$$a_2 = x_1 w_{12} + x_2 w_{22} + b_2 \tag{2-19}$$

$$h_2 = f(a_2) \tag{2-20}$$

$$a_3 = h_1 w_{13} + h_2 w_{23} + b_3 \tag{2-21}$$

$$y = h_3 = f(a_3) \tag{2-22}$$

$$L = \frac{1}{2}(y-t)^2 \tag{2-23}$$

反向传播的过程

$$\frac{\partial L}{\partial y} = y - t \tag{2-24}$$

$$\frac{\partial L}{\partial a_3} = (y-t) f'(a_3) \tag{2-25}$$

$$\frac{\partial L}{\partial w_{13}} = (y-t) f'(a_3) h_1 \tag{2-26}$$

$$\frac{\partial L}{\partial w_{23}} = (y-t) f'(a_3) h_2 \tag{2-27}$$

$$\frac{\partial L}{\partial b_3} = (y-t) f'(a_3) \tag{2-28}$$

$$\frac{\partial L}{\partial h_1} = (y-t)f'(a_3)w_{13} \tag{2-29}$$

$$\frac{\partial L}{\partial h_2} = (y-t)f'(a_3)w_{23} \tag{2-30}$$

$$\frac{\partial L}{\partial a_1} = (y-t)f'(a_3)w_{13}f'(a_1) \tag{2-31}$$

$$\frac{\partial L}{\partial a_2} = (y-t)f'(a_3)w_{23}f'(a_2) \tag{2-32}$$

$$\frac{\partial L}{\partial w_{11}} = (y-t)f'(a_3)w_{13}f'(a_1)x_1 \tag{2-33}$$

$$\frac{\partial L}{\partial w_{21}} = (y-t)f'(a_3)w_{13}f'(a_1)x_2 \tag{2-34}$$

$$\frac{\partial L}{\partial w_{12}} = (y-t)f'(a_3)w_{23}f'(a_2)x_1 \tag{2-35}$$

$$\frac{\partial L}{\partial w_{22}} = (y-t)f'(a_3)w_{23}f'(a_2)x_2 \tag{2-36}$$

$$\frac{\partial L}{\partial b_1} = (y-t)f'(a_3)w_{13}f'(a_1) \tag{2-37}$$

$$\frac{\partial L}{\partial b_2} = (y-t)f'(a_3)w_{23}f'(a_2) \tag{2-38}$$

梯度下降法的更新规则

$$w_{ij} \leftarrow w_{ij} - \eta \frac{\partial L}{\partial w_{ij}} \tag{2-39}$$

$$b_j \leftarrow b_j - \eta \frac{\partial L}{\partial b_j} \tag{2-40}$$

2.3.5 泛化能力

1. 泛化能力的定义

泛化能力是一个机器学习模型对未见过的新数据的预测能力。泛化能力反映了一个模型是否能够从有限的训练数据中学习到数据背后的普遍规律，从而在面对新的情况时做出正确的判断。泛化能力是衡量一个模型优劣的重要标准，一个好的模型应该具有较强的泛化能力，即在训练集上表现良好，同时能在测试集或实际应用中表现良好。

为了更好地理解泛化能力，需要引入一些数学概念和符号。假设有一个输入空间 $\mathcal{X}$，一个输出空间 $\mathcal{Y}$，一个真实的数据分布 $P(X, Y)$，一个损失函数 $L(Y, \hat{Y})$，一个假设空间 $\mathcal{H}$，一个学习算法 $\mathcal{A}$，一个训练集 $D=\{(x_1, y_1),\cdots,(x_n, y_n)\}$，一个测试集 $D'=\{(x_1', y_1'),\cdots,(x_m', y_m')\}$，一个训练得到的模型 $f=\mathcal{A}(D)$，一个最优模型 $f^*=\arg\min_{f\in\mathcal{H}} E_{P(X, Y)}[L(Y, f(X))]$。其中 X 和 Y 是随机变量，$\hat{Y}$ 是预测值，E 是期望，arg min 用于求使函数取得最小值的参数值。

根据这些定义可以用以下公式来表示泛化误差，即模型在未知数据上的平均损失。

$$R_{\text{gen}}(f)=E_{P(X, Y)}[L(Y, f(X))] \tag{2-41}$$

由于真实的数据分布 $P(X, Y)$ 是未知的，无法直接计算泛化误差，只能通过测试集来估计它，即

$$\hat{R}_{\text{gen}}(f)=\frac{1}{m}\sum_{i=1}^{m}L\left[y_i', f(x_i')\right] \tag{2-42}$$

同样地，也可以用以下公式来表示训练误差，即模型在训练数据上的平均损失。

$$R_{\text{emp}}(f)=\frac{1}{n}\sum_{i=1}^{n}L\left[y_i, f(x_i)\right] \tag{2-43}$$

训练误差越小，说明模型越能拟合训练数据，但不一定能泛化到新数据。泛化误差越小，说明模型越能适应新数据，但不一定能拟合训练数据。因此，需要在训练误差和泛化误差之间找到一个平衡点，使得模型既不过拟合也不欠拟合。

2. 泛化能力的影响因素

泛化能力受到多种因素的影响，其中最主要的有以下几个。

（1）模型的复杂度。模型的复杂度是指模型的参数个数、结构复杂度、非线性程度等。模型的复杂度越高，模型的拟合能力越强，但也越容易过拟合，即在训练集上表现很好，在测试集上表现很差。模型的复杂度越低，模型的泛化能力越强，但也越容易欠拟合，即在训练集上表现很差，在测试集上表现不错。因此，需要根据数据的特点和任务的需求，选择合适的模型复杂度，避免过拟合和欠拟合。

（2）训练数据的规模。训练数据的规模是指训练数据的数量、质量、分布等。训练数据的规模越大，模型的泛化能力越强，因为更多的数据能够更好地反映数据的真实分布，从而使模型更容易学习到数据的普遍规律。训练数据的规模越小，模型的泛化能力越弱，因为更少的数据可能存在噪声、偏差、不平衡等问题，从而使模型更容易受到数据的特殊性的影响。因此，需要尽可能地收集和利用足够多的高质量的训练数据，避免数据不足和质量不好。

（3）正则化方法。正则化方法是指在模型的损失函数中加入一些额外的项，用来限制模型的复杂度，防止过拟合，提高泛化能力。常见的正则化方法有 L1 正则化、L2 正则化、Dropout（随机失活）等。正则化方法的作用是在模型的拟合能力和泛化能力之间找到一个折中点，使得模型既不过拟合也不欠拟合。因此，需要根据模型的特点和任务的需求，选择合适的正则化方法。

3. 泛化能力的评估方法

泛化能力的评估方法是指用来估计模型的泛化误差的方法，常见的有以下几种。

（1）留出法。留出法是指将数据集划分为训练集和测试集，用训练集训练模型，用测试集评估模型的泛化能力。留出法的优点是简单直观，缺点是结果可能受数据划分的影响，不够稳定和可靠。

（2）交叉验证法。交叉验证法是指将数据集划分为 k 个大小相同的子集，每次用 k–1 个子集作为训练集，剩下的一个子集作为测试集，重复 k 次，然后取 k 次测试结果的平均值作为模型的泛化能力。交叉验证法的优点是结果比较稳定和可靠，缺点是计算量比较大，需要多次训练和测试。

（3）自助法。自助法是指从数据集中有放回地随机抽取 n 个样本作为训练集，剩下的样本作为测试集，用训练集训练模型，用测试集评估模型的泛化能力。自助法的优点是能够充分利用数据，适合数据量较小的情况；缺点是可能改变数据的分布，引入偏差。

第 3 章　卷积神经网络基础

3.1　卷积神经网络综述

卷积神经网络是一类包含卷积计算且具有深度结构的前馈神经网络（feedforward neural network, FNN），是深度学习的代表算法之一。卷积神经网络具有表征学习（representation learning）能力，能够按其阶层结构对输入信息进行平移不变分类（shift-invariant classification），因此也被称为平移不变人工神经网络（shift-invariant artificial neural network, SIANN）。①

卷积神经网络至少包含一个卷积层，这一点与传统的使用矩阵乘法的神经网络有很大的区别。

卷积层的引入基于这样一个观察：在处理如图像这样的高维数据时，数据中的局部特征（如图像的边缘、角点或纹理）比全局特征更关键。卷积操作是一种线性运算，其目的是从输入数据中提取简单的局部特征。比如，在处理包含多个对象和多种颜色的图像时，卷积函数可以专注于检测是否存在水平线、垂直线或边缘等特征。这一过程通过在图像上滑动一个小窗口（称为卷积核或滤波器）并计算窗口内数据与卷积核的点积来实现。通过这种方式，卷积层能够生成多个特征图，每个特征图代表了输入数据在某个特定卷积核下的响应。

卷积层之后通常紧跟着池化层，也被称为子采样层。池化层的主要作用是减小特征图的空间尺寸，同时保留最重要的信息。这通过对特征图进行下采样操作实现，如取一定区域内的最大值（最大池化）或平均值（平均池化）。这一过程不仅显著减少了数据量和计算量，还有助于使网络对输入数据的小的变化或偏差保持不变，增强模型的泛化能力。

---

① 安俊秀，叶剑，陈宏松，等. 人工智能原理、技术及应用 [M]. 北京：机械工业出版社，2022：129.

卷积神经网络中的卷积层和池化层通常会交替出现，多个这样的组合逐渐构成了深层的网络结构。在这样的架构中，靠近输入层的卷积层倾向于捕捉基本的特征，如边缘和纹理。而更深层的卷积层能够识别更复杂的模式，如物体的部分或整体结构。这种从浅层到深层的特征提取过程，使卷积神经网络在处理高维度、复杂的数据时表现出色。

除了卷积层和池化层之外，卷积神经网络中还常包含全连接层。全连接层位于网络的末端，负责将前面卷积层和池化层提取的高层次特征进行整合，并完成最终的任务，如分类或回归。在全连接层中，每个神经元与前一层的所有神经元相连，因此能够综合学习到的所有特征。

局部连接（local connectivity）是卷积神经网络的一个重要特性，卷积层的每个神经元只与输入层的一块区域连接，而不是与整个输入层全连接。这块区域被称为感受野，它的大小由卷积核的尺寸决定。卷积核是一组固定的权值参数，它在输入层上滑动，与感受野内的数据进行点积运算，得到卷积层的输出。如图 3–1 所示，输入层是一个 5 × 5 的矩阵，卷积核是一个 3 × 3 的矩阵，卷积层是一个 3 × 3 的输出矩阵。卷积层的每个元素是由卷积核与输入层的一个 3 × 3 的感受野进行点积运算得到的。

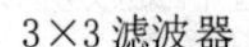

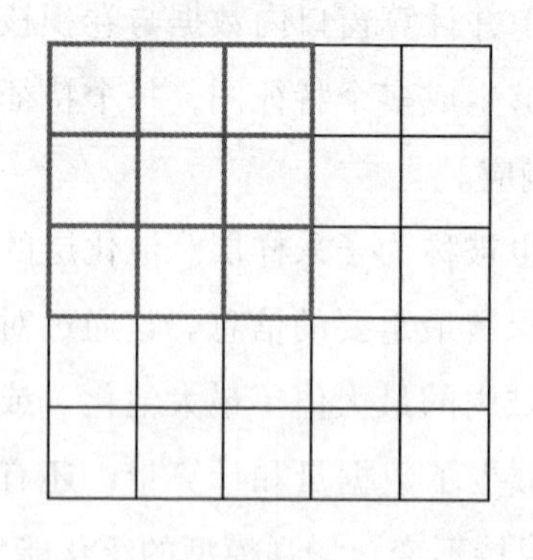

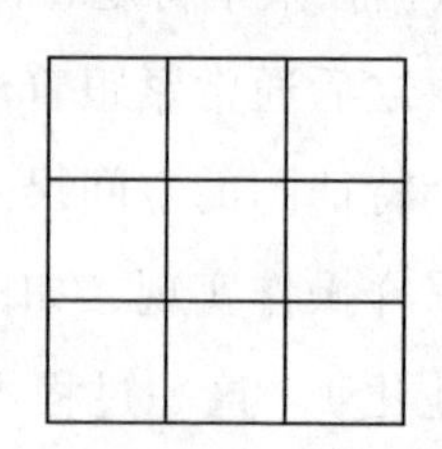

图 3–1　卷积层元素运算示意图

局部连接的作用是使卷积层能够捕捉到输入数据的局部特征，例如图像的边缘、角点、纹理等。这些局部特征具有平移不变性，即无论它们出现在图像的哪个位置，都可以被卷积核检测到。局部连接也大大减少了参数数量，加快了学习速度。假设输入层是一个 32×32×3 的图像（3 表示颜色通道），卷积核是一个 5×5×3 的矩阵，卷积层是一个 28×28×1 的矩阵（1 表示特征图数量）。如果使用全连接层，那么需要的参数数量是 32×32×3×28×28×1=2408448 个；如果使用局部连接层，那么需要的参数数量是 5×5×3×1=75 个。可以看出，局部连接层的参数数量是全连接层的 0.003%。

权值共享是卷积神经网络的另一个重要特性。卷积层的每个特征图使用相同的卷积核来提取特征，而不是每个特征图使用不同的卷积核。特征图是卷积层的输出，它表示输入数据在某种特征上的响应程度。卷积层的每个特征图都是由相同的卷积核与输入层进行卷积运算得到的。

权值共享的作用是使卷积层能够提取输入数据的全局特征，例如图像的整体形状、轮廓、风格等。这些全局特征具有旋转、缩放、扭曲等不变性，即无论它们在图像中如何变化，都可以被卷积核识别出来。权值共享也进一步减少了参数数量，提高了模型的泛化能力。假设输入层是一个 32×32×3 的图像，卷积核是一个 5×5×3 的矩阵，卷积层有 64 个特征图，每个特征图是一个 28×28×1 的矩阵。如果不使用权值共享，那么需要的参数数量是 5×5×3×64=4800 个；如果使用权值共享，那么需要的参数数量是 5×5×3×1=75 个。在这种情况下，使用权值共享的参数数量约是不使用权值共享的 1.56%。

3.2 卷积神经网络的架构

卷积神经网络的整体架构如图 3–2 所示。

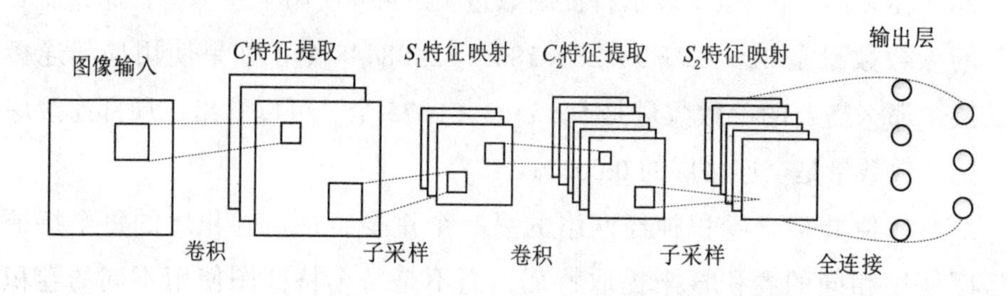

图 3–2 卷积神经网络的整体架构示意图

3.2.1 卷积层

卷积层的结构可以用一个四维张量来表示，其形状为 (N, C, H, W)，其中 N 表示每次训练使用的数据量，C 表示通道数，H 和 W 分别表示高度和宽度。卷积层的输入数据和输出数据都是这样的四维张量，只是通道数、高度和宽度可能不同。卷积层的滤波器也可以用一个四维张量表示，其形状为 (F, C, FH, FW)，其中 F 表示滤波器的数量，C 表示滤波器的通道数，FH 和 FW 分别表示滤波器的高度和宽度。滤波器的通道数必须和输入数据的通道数相同，这样才能保证卷积运算的有效性。卷积层的偏置可以用一个一维向量表示，其长度为 F，即滤波器的数量。

卷积层的基本操作是卷积，即使用一个滤波器或卷积核对输入数据进行扫描，并生成相应的特征图。滤波器的大小一般小于输入数据的大小，它可以被看作一个局部感知的窗口，它在输入数据上以一定的步长

（stride）滑动，并与覆盖的区域进行点乘运算，然后将结果保存到特征图的对应位置。这样，滤波器就可以提取输入数据的局部特征，例如边缘、角点、纹理等。

以单通道图像和单个卷积核为例，卷积运算公式如下所示。

$$O(i,\ j)=\sum_{m}\sum_{n}I(i+m,\ j+n)\cdot K(m,\ n) \tag{3-1}$$

式中：$O(i,\ j)$ 表示输出特征图的像素值；i 和 j 分别表示输出特征图的行和列；m 和 n 表示卷积核的行和列；$I(i+m,\ j+n)$ 表示输入图像的像素值；$K(m,\ n)$ 表示卷积核的权重。

不同的滤波器可以提取不同的特征，因此卷积层通常包含多个滤波器，从而生成多个特征图，形成一个特征图堆叠（feature map stack）。卷积层的输出数据就是这个特征图堆叠，它可以被看作一个多通道的数据，每个通道对应一个滤波器的输出。

图 3-3 为卷积运算示意图，其左侧是输入的图像，在此表示为 5 × 5 的矩阵，其左上方 3 × 3 的矩阵是一个滤波器，假设滤波器每次移动一格，那么其步长为 1，此时在各个方向上到达边界处需要两步，包含原点处的计算共有 3 次，所以此卷积运算的结果是一个 3 × 3 的矩阵。

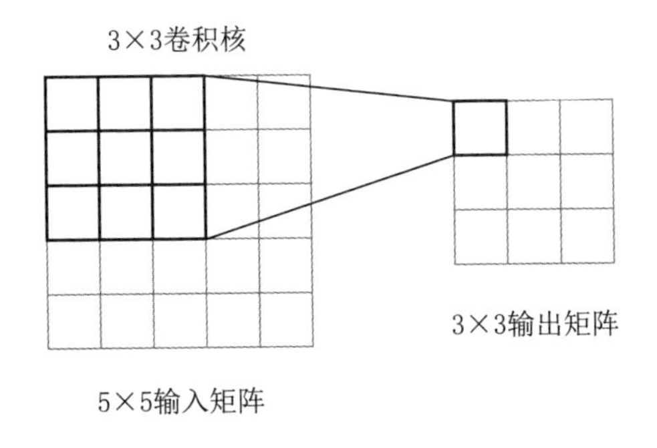

图 3-3　卷积运算示意图

卷积层的参数主要有两类：滤波器的权重和偏置。滤波器的权重是需要通过训练学习的参数，它决定了滤波器的特征提取能力。偏置是一个标量，它可以增加模型的非线性，同时可以避免零输入导致的梯度消失。卷积层的参数个数由滤波器的数量、大小和通道数决定，卷积层的参数个数远小于全连接层的参数个数，这有利于降低模型的复杂度和过拟合的风险。

卷积层的输出数据的大小由输入数据的大小、滤波器的大小、步长和填充（padding）决定。填充是指在输入数据的边缘添加一些额外的值（通常是0），以使输出数据不变或者增大。填充的好处是可以保留输入数据的边缘信息，同时可以增加输出数据的深度，从而提高模型的表达能力。下面看一个具体示例。

假设有一个 5×5 像素的图像和一个 3×3 的卷积核，如下所示。

图像 $\boldsymbol{I}$（5×5 矩阵）：

$$\begin{bmatrix} 1 & 2 & 3 & 4 & 5 \\ 6 & 7 & 8 & 9 & 10 \\ 11 & 12 & 13 & 14 & 15 \\ 16 & 17 & 18 & 19 & 20 \\ 21 & 22 & 23 & 24 & 25 \end{bmatrix}$$

卷积核 $\boldsymbol{K}$（3×3 矩阵）：

$$\begin{bmatrix} -1 & 0 & 1 \\ -2 & 0 & 2 \\ -1 & 0 & 1 \end{bmatrix}$$

这里步长设为1，卷积操作的结果是一个 3×3 的特征图。通过以下步骤计算每个元素。

（1）将卷积核的左上角与图像的左上角对齐。

（2）对卷积核覆盖的 3×3 区域进行逐元素相乘，然后将所有乘积求和，得到特征图的第一个元素。

（3）将卷积核向右滑动一个像素（因为步长为1），重复步骤（2），计算特征图的下一个元素。

（4）继续这个过程，直到卷积核覆盖了图像的所有 3×3 区域。

特征图的第一个元素计算如下：

$$(-1\times1)+(0\times2)+(1\times3)+(-2\times6)+(0\times7)+(2\times8)+(-1\times11)+(0\times12)+(1\times13)$$

$$=-1+0+3-12+0+16-11+0+13=8$$

按照这个方法可以计算出整个特征图。根据上述卷积操作的例子，得到的 3×3 特征图，如下所示。

$$\begin{bmatrix}8 & 8 & 8\\8 & 8 & 8\\8 & 8 & 8\end{bmatrix}$$

在这个特定的例子中，卷积核在输入图像的每个 3×3 区域上提取出了相同的特征值。这个过程展示了卷积层是如何通过卷积核提取输入图像中的特征的。在实际应用中，卷积神经网络通常使用多个这样的卷积核，每个都能够捕捉输入数据的不同特征。

此时输出的特征图为 3×3 矩阵，如果想要其与输入图像大小保持一致，则需要对其外围进行填充，填充结果如下。

$$\begin{bmatrix}0 & 0 & 0 & 0 & 0\\0 & 8 & 8 & 8 & 0\\0 & 8 & 8 & 8 & 0\\0 & 8 & 8 & 8 & 0\\0 & 0 & 0 & 0 & 0\end{bmatrix}$$

3.2.2　池化层

池化层的作用是对输入的特征图进行降维和抽象，从而减少计算量，防止过拟合，提高模型的泛化能力。池化层通常位于卷积层之后，对卷积层的输出进行下采样，即在一个局部区域内选取一个代表性的值作为该区域的输出。池化层的参数主要有池化的类型、池化的窗口大小、池化的步长和池化的填充方式。

池化的类型有多种，常见的有最大池化、平均池化、全局池化、分数阶池化等。最大池化是在一个池化窗口内选取最大的值作为输出，它可以保留最显著的特征，同时具有平移不变性和尺度不变性。平均池化是在一个池化窗口内将计算出的平均值作为输出，它可以减少噪声的影响，同时具有平滑效果。全局池化是将整个特征图的每个通道的平均值或最大值作为输出，它可以将特征图转化为一维向量，适用于分类任务。分数阶池化是一种随机的池化方式，它可以根据一个分数阶的比例来确定池化窗口的大小和位置，从而增加特征的多样性。下面是最大池化和平均池化的计算公式。

最大池化操作（max pooling operation）从输入特征图的窗口中选择最大的值作为输出。假设输入特征图为 $H \times W \times C$，窗口的大小为 $K \times K$，那么最大池化操作可以表示为

$$O(i,\ j,\ c) = \max_{m,\ n} I(i \cdot S + m,\ j \cdot S + n,\ c) \tag{3-2}$$

式中：$O(i,\ j,\ c)$ 表示输出特征图中第 i 行、第 j 列、第 c 个通道的像素值；$I(i \cdot S + m,\ j \cdot S + n,\ c)$ 表示输入特征图中第 $(i \cdot S + m)$ 行、第 $(j \cdot S + n)$ 列、第 c 个通道的像素值；S 表示池化操作的步长，即窗口在特征图上滑动的步长。

平均池化操作从输入特征图的窗口中计算像素值的平均值作为输出。它的计算方式与最大池化类似，只是将 max 替换为 $\frac{1}{K^2}\sum$。平均池化操作可以表示为

$$O(i,\ j,\ c) = \frac{1}{K^2}\sum_{m,\ n} I(i \cdot S + m,\ j \cdot S + n,\ c) \tag{3-3}$$

池化的窗口大小和步长决定了池化的范围和密度，池化的窗口大小应该小于或等于步长，这样可以避免重叠池化，即相邻的池化窗口之间有重叠的区域。重叠池化可以提高特征的分辨率，但也会增加计算量和

过拟合的风险。池化的填充方式是指当池化窗口超出特征图的边界时，如何处理多余的空间。常见的填充方式有零填充、边缘填充和镜像填充等。零填充是在多余的空间填充零值，边缘填充是在多余的空间填充特征图的边缘值，镜像填充是在多余的空间填充特征图的镜像值。

池化层的反向传播是指在训练过程中，将池化层的梯度传递给上一层的特征图。对于最大池化，反向传播的规则是将梯度完全传递给池化窗口内的最大值对应的位置，其他位置的梯度为零。对于平均池化，反向传播的规则是将梯度平均分配给池化窗口内的所有位置。对于全局池化，反向传播的规则是将梯度传递给特征图的所有位置。对于分数阶池化，反向传播的规则是根据池化窗口的大小和位置，按照最大池化或平均池化的方式传递梯度。

3.2.3　全连接层

卷积神经网络中全连接层的作用是将卷积层和池化层的输出转换为最终的分类或回归结果。全连接层的每个神经元都与前一层的所有神经元相连，形成一个完全图。全连接层可以将前面提取的局部特征整合成全局特征，并将特征空间映射到标签空间。

全连接层的原理和基本的多层感知器（multilayer perceptron, MLP）类似，都是通过矩阵乘法和激活函数实现非线性变换的。假设前一层的输出为 $\boldsymbol{x} \in \mathbf{R}^n$，全连接层的权重矩阵为 $\boldsymbol{W} \in \mathbf{R}^{n \times m}$，偏置向量为 $\boldsymbol{b} \in \mathbf{R}^m$，激活函数为 f，则全连接层的输出为 $\boldsymbol{y} \in \mathbf{R}^m$，计算公式为

$$\boldsymbol{y} = f(\boldsymbol{W}\boldsymbol{x} + \boldsymbol{b}) \tag{3-4}$$

式中：$\boldsymbol{W}\boldsymbol{x} + \boldsymbol{b}$ 表示线性变换；f 表示非线性变换。常用的激活函数有 sigmoid、tanh、ReLU 等。激活函数的作用是增加模型的非线性表达能力，使模型可以拟合更复杂的数据分布。

全连接层的反向传播是在训练过程中，根据损失函数的梯度更新全

连接层的参数。假设损失函数为L，则全连接层的参数的梯度为

$$\frac{\partial L}{\partial \boldsymbol{W}}=\frac{\partial L}{\partial \boldsymbol{y}}\frac{\partial \boldsymbol{y}}{\partial \boldsymbol{W}}=\frac{\partial L}{\partial \boldsymbol{y}}f'(\boldsymbol{Wx}+\boldsymbol{b})\boldsymbol{x}^{\mathrm{T}} \tag{3-5}$$

$$\frac{\partial L}{\partial \boldsymbol{b}}=\frac{\partial L}{\partial \boldsymbol{y}}\frac{\partial \boldsymbol{y}}{\partial \boldsymbol{b}}=\frac{\partial L}{\partial \boldsymbol{y}}f'(\boldsymbol{Wx}+\boldsymbol{b}) \tag{3-6}$$

式中：$\frac{\partial L}{\partial \boldsymbol{y}}$表示损失函数对全连接层输出的梯度；$f'$表示激活函数的导数。根据梯度下降法，可以用以下公式更新参数。

$$\boldsymbol{W}\leftarrow\boldsymbol{W}-\alpha\frac{\partial L}{\partial \boldsymbol{W}} \tag{3-7}$$

$$\boldsymbol{b}\leftarrow\boldsymbol{b}-\alpha\frac{\partial L}{\partial \boldsymbol{b}} \tag{3-8}$$

式中：α表示学习率，控制参数更新的步长。

全连接层的优点是可以实现任意的非线性变换，具有强大的表达能力。全连接层的缺点是参数量很大，容易过拟合，计算量也很大。为了解决这些问题，可以采用一些改进的方法。

（1）使用卷积层代替全连接层。卷积层可以被看作一种局部连接的全连接层，它可以减少参数量，增加平移不变性，提高计算效率。卷积层可以用卷积核的大小和步长来控制输出的维度，从而实现全连接层的功能。例如，如果前一层的输出是$H\times W\times C$的特征图，后一层是一个含有m个神经元的全连接层，那么可以用一个大小为$H\times W\times C\times m$，步长为$h$和$w$的卷积核来代替全连接层。这样，卷积层的输出就是一个$1\times1\times m$的特征图，相当于全连接层的输出。

（2）使用全局平均池化层代替全连接层。全局平均池化层是一种特殊的池化层，它的作用是对每个通道的特征图求平均值，得到一个一维的向量。全局平均池化层可以减少参数量，防止过拟合，提高泛化能力。全局平均池化层通常用于分类任务。

（3）使用正则化和 Dropout 等技术防止过拟合。正则化是一种在损失函数中加入参数惩罚项的方法，它可以使参数更加稀疏，降低模型复杂度，提高泛化能力。常用的正则化方法有 L1 正则化和 L2 正则化。Dropout 是一种在训练过程中随机丢弃一些神经元的方法，它可以使模型更加稳健，防止过度依赖某些特征，提高泛化能力。Dropout 通常用于全连接层，它可以有效地降低过拟合的风险。

3.3　卷积神经网络的工作流程

卷积神经网络的工作流程主要分为训练阶段和测试阶段两个部分。

训练阶段是 CNN 学习从输入数据中提取特征和进行分类的过程。这一阶段的核心是通过不断的迭代来优化网络中的参数，包括卷积核的权重和全连接层的权重。在训练的开始，这些参数通常被初始化为随机小数，以避免同一层中的神经元学习到相同的模式。训练数据包含输入（例如图像）及其对应的标签（例如图像的类别）。训练过程包括两个主要阶段：前向传播和反向传播。

在前向传播中，输入数据通过网络的每一层进行传递，每一层都会对数据进行特定的变换。最终，数据在输出层产生一个预测结果。这个预测结果随后与真实的标签进行比较，以计算损失函数，损失函数衡量的是预测结果与真实结果之间的差异。

反向传播是训练过程的第二个阶段，在这一阶段，损失函数关于网络参数的梯度会被计算出来，并用于更新网络中的权重，这个过程通常通过梯度下降或其变体来实现。梯度下降的目标是调整网络的参数，以最小化整体的损失函数。通过反复地进行前向传播和反向传播，CNN 能够学习到如何根据输入数据调整参数，以更准确地预测输出。

训练阶段的一个重要方面是防止过拟合，过拟合是指网络在训练数据上表现很好，但在其他数据上表现差的现象。为了防止过拟合，通常会采取各种策略，如早停（early stopping）、数据增强（data augmentation）和正则化。训练流程如图 3–4 所示。

在测试阶段，训练好的 CNN 被用来评估其在新数据上的性能。在这一阶段不对网络的权重进行任何更新。测试数据通过网络进行前向传播，产生输出结果，这些结果随后被用来计算评价指标，如准确率、召回率等。这些指标帮助评估网络对新数据的泛化能力，即它在处理未见过的数据时的表现。

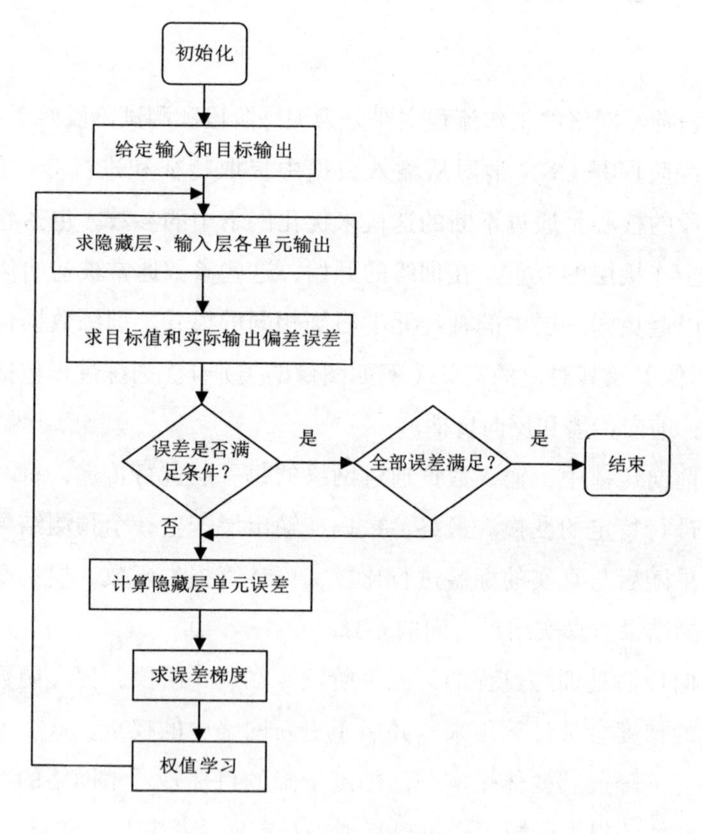

图 3–4　卷积神经网络训练流程

3.3.1　第一阶段：前向传播

（1）从数据集中随机选择一个样本 X_p（数据集中第 P 个样本）和其对应的标签 Y_p，并将 X_p 输入网络。

（2）网络通过层间的计算得到输出 O_p。在前向传播的过程中，网络的权值是随机初始化的，但这些权值不能全部为零或相同。信息通过输入层传递，并与每一层的权值矩阵进行点乘运算，最终得到输出层的结果。输出的计算公式可表示为

$$O_p = F_n\left(\cdots F_2\left(F_1\left(X_p W^{(1)}\right)W^{(2)}\right)\cdots\right)W^{(N)} \tag{3-9}$$

3.3.2　第二阶段：反向传播

（1）计算网络的实际输出 O_p 与真实值 Y_p 之间的差异。

（2）通过最小化误差调整网络的权值矩阵。

假设网络使用 sigmoid 函数作为激活函数，每个神经元有 n 个权值。例如，第 K 层的第 i 个神经元的权值表示为 $W_{i,\ 1}$，$W_{i,\ 2}$，…，$W_{i,\ n}$。首先对权值 $W_{i,\ j}$ 进行初始化，通常初始化为接近零的随机数，以便梯度下降算法能够收敛到局部最优解。输入训练数据样本 $X=\left(X_1,\ X_2,\cdots,\ X_n\right)$ 和真实输出 $Y=\left(Y_1,\ Y_2,\cdots,\ Y_n\right)$，通过权值计算得出每一层的实际输出。

$$U_i^k = \sum_{j=1}^{n+1} W_{i,\ j} X_i^{k-1}\left(X_{n+1}^{k-1}=1,\ W_{i,\ n+1}=-\theta_i\right) \tag{3-10}$$

$$X_i^k = f\left(U_i^k\right) \tag{3-11}$$

式中：X_i^k 表示第 K 层第 i 个神经元的输出；$W_{i,\ n+1}$ 表示阈值 $-\theta_i$。根据期望输出和实际输出计算各层的学习误差 d_i^k，从而获得隐藏层和输出层的响应误差。例如，输出层为 m 层时，学习误差表达为

$$d_i^m = X_i^m \left(1 - X_i^m\right)\left(X_i^m - Y_i\right) \tag{3-12}$$

其他层的学习误差表示为

$$d_i^k = X_i^k \left(1 - X_i^k\right)\sum_l W_{l,\ j} d_l^{k+1} \tag{3-13}$$

若误差满足条件，则算法结束；否则，根据学习误差对权值进行调整。权值的更新表达式为

$$W_{i,\ j}(t+1) = W_{i,\ j}(t) - \eta \cdot d_i^k \cdot X_j^{k+1} + \alpha \Delta W_{i,\ j}(t) \tag{3-14}$$

式中：$\Delta W_{i,\ j}(t) = -\eta \cdot d_i^k \cdot X_j^{k-1} + \alpha W_{i,\ j}(t-1) = W_{i,\ j}(t) - W_{i,\ j}(t-1)$；$\eta$ 表示学习率。更新后的权值再次用于计算网络的实际输出，直到误差满足特定要求。通过这一训练过程，卷积神经网络逐渐学习到从输入数据到期望输出的映射关系。

第 4 章　卷积神经网络在图像分割中的应用研究

4.1　FCN 语义分割网络

图像分割的本质在于识别并划定图像中各个实体的边界，从而使这些实体的位置得以明确。在自然场景图像中，可以根据场景中的不同对象进行分割，而在文档图像中，可以通过边界识别出每个文字。这种分割任务本质上是对图像内容的深入理解与解析。

为了使图像分割更具可操作性，可以将其转换为一个像素级的分类问题。具体来说就是判断图像中的每个像素点属于哪一类别，然后将邻近且类别相同的像素点组合在一起，从而形成明确的边界。这种方法以分类问题为出发点，有效地解决了图像分割的难题。

然而，将图像分割视为像素级分类带来了新的挑战，在传统的图像分类任务中，对整幅图像通常只需产生一个或少数几个分类结果，但在图像分割中，输出的数量与图像的像素数量一致，这就引发了一个问题：能否在如此高维度的输出中保持与传统分类任务相似的准确率。

在分类任务中为了保证图像的平移不变性（translation invariance），通常会引入池化层来减少数据的维度。然而，在图像分割任务中，这种维度的减少带来了一个问题：如何将这些降维后的特征重新映射（或放大）回原始图像的高分辨率空间。这就需要一种机制来有效地恢复图像细节和边界信息，从而保证分割的准确性和精确度。

4.1.1　FCN 综述

FCN 是为图像分割任务而设计的一种特定的神经网络架构，它的核心特性在于完全摒弃了传统卷积神经网络中的全连接层。这种设计的主要目的是保留图像的空间特性，即确保网络输出中每个像素的位置信息与原始图像相对应。

在传统的卷积神经网络中，全连接层通常用于将特征图转换为一个一维的特征向量。这一过程中原始图像的空间布局信息会丢失，因为全连接层不保留像素之间的相对位置关系。这在图像分类任务中可能不是一个重大问题，因为分类更侧重于识别整体模式，而非保留空间信息。然而，在图像分割任务中，保留原始图像的空间信息至关重要，因为分割的目的是对每个像素进行精确的分类。

FCN 通过利用卷积层而不是全连接层来保留空间信息，这使得网络能够处理任意尺寸的输入图像，并产生与输入相应尺寸的分割图。FCN 的一个关键步骤是从高级别的特征图中提取有用的分类信息，然后将这些信息映射回原始图像的尺寸。由于这些高级特征图的维度通常小于原始图像，因此需要通过某种形式的上采样，如双线性插值（bilinear interpolation），来实现这一映射。

然而，简单的插值算法在恢复图像细节时存在一定的限制，可能导致分割精度的下降。为了解决这个问题，FCN 采用了一些策略，如使用跳跃连接（skip connection）和特殊的上采样技术。跳跃连接将较低层的特征图（包含更多细节信息）与上采样的高层特征图结合，从而在恢复空间维度的同时保留了更多的细节信息。这种方法有效地提升了图像分割的精度，同时保持了对不同尺寸输入图像的适应性。

在维度扩大的过程中实现高精度的图像分割存在一定的困难，采用反卷积（也被称为转置卷积）是解决这一问题的有效方法之一。反卷积能够将特征图从较低的维度扩大到更高的维度，同时保持空间信息的完整性。这一过程中反卷积层的参数是可以学习的，这意味着网络能够在训练过程中自适应地优化这些上采样参数，从而实现更精细的特征恢复。

尽管如此，仅依靠反卷积将低维特征图映射为高维特征图仍然是一个难题，这是因为在特征提取的过程中即便通过反卷积进行了上采样，一些细节信息仍然可能丢失。为了弥补这一缺陷可以采用特征融合的策略，通过将网络较深层次的特征（擅长捕捉类别信息）与较浅层次的特征（擅长捕捉边缘等细节信息）结合，可以在确保类别识别的准确性的同时保留更多的边缘和细节信息。

在处理图像分割问题时，确实需要考虑如何避免过拟合，特别是处理大量的类别信息时。一个潜在的解决方案是采用像素点的子集进行损失函数的计算和反向传播，而不是使用所有像素点。这种做法基于的假设是相邻像素点间的特征差异并不大，因此对所有像素点赋予相同的权重可能导致某些特征过度强调。不过，从实验结果来看，即便是对所有像素点均匀加权，也能够达到较好的分割效果，说明特征的均匀分布在一定程度上缓解了过度强调的问题。

在评估分割模型的性能时，除了传统的交叉熵损失和像素级分类精度之外，交并比（IoU）也是一个重要的评价指标。IoU 通过计算模型预测的边界与实际边界（ground truth）之间的交集和并集之比来评估分割的准确性。这个指标强调了正确分割主体部分的重要性，但对边缘细节的准确性不够敏感。因此，过多依赖浅层信息不会显著提高 IoU，但对于确保分割边界的准确性仍然是必要的。

4.1.2　FCN 设计思路

FCN 分割模型的网络结构如图 4–1 所示，其中 P 代表池化（pooling），p 代表预测（prediction）。

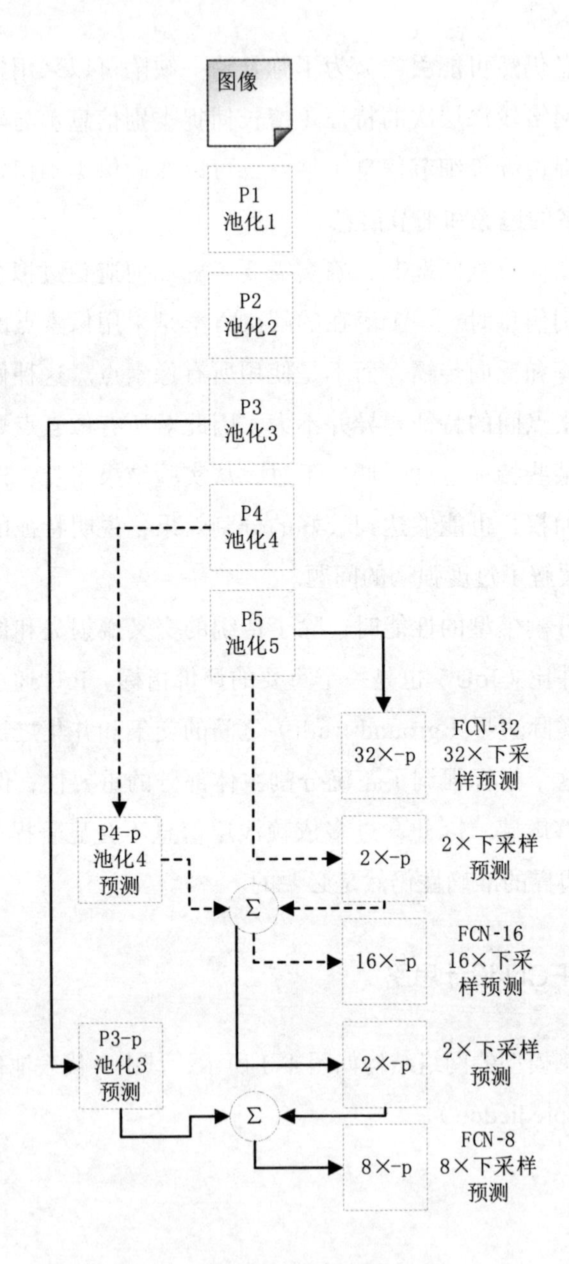

图 4-1　FCN 分割模型的网络结构

FCN 作为图像分割领域的一个重要里程碑，其设计理念在于通过仅使用卷积层来实现对任意尺寸图像的像素级分类。FCN 通过将传统分类网络中的全连接层替换为卷积层实现了这一目标，其关键在于 FCN 的最后一层采用上采样层，使预测输出能够与原始图像尺寸一致。上采样的实现方式通常为插值或反卷积，其中插值具有计算速度快、不增加模型参数的优势，但缺乏可学习性，这与反卷积形成了对比。FCN 的三种设计模式——FCN-32、FCN-16 和 FCN-8——各自采取了不同的策略以优化性能。

1. FCN-32

FCN-32 的设计思路是将 P5 层输出直接进行 32 倍上采样以获取 32×-p 预测输出，从而达到输入图像尺寸，这种设计模式以简单直接的方式扩大了特征图的尺寸，但可能在细节上存在一定的损失。

2. FCN-16

FCN-16 在 FCN-32 的基础上做出改进，首先将 P5 层输出进行 2 倍上采样以获得 2×-p 特征图，然后将此特征图与 P4 层输出进行像素级加法操作。通过加法得到的特征图再进行 16 倍上采样，以匹配输入图像尺寸。这种设计在保持上采样效率的同时，通过融合不同层的特征，提高了分割精度。

3. FCN-8

FCN-8 进一步发展了 FCN-16 的融合策略，通过融合 P3 层的特征图来获取更加精细化的分割结果。这种模式在保持较高上采样效率的同时，进一步提高了对图像细节的捕捉能力。

FCN 的实现基于传统的分类网络，如 AlexNet、视觉几何组（visual geometry group, VGG）、GoogLeNet 和残差神经网络（residual neural network, ResNet），这些网络可以作为其骨干网络（backbone）。FCN 的代码实现涉及 __init__ 方法和 forward 方法。在 __init__ 方法中，需要构建整体网络结构，包括以下几个关键步骤。

（1）基础网络构建。以 torchvision.models.resnet34(pretrained=False) 为例，其中 resnet34 表示 34 层的残差网络，pretrained=False 表明不使用预训练模型。

（2）通过卷积模块获取输出结果。根据 resnet34 的三层输出，定义 self.scores1、self.scores2 和 self.scores3，其输入通道数分别为 128、256 和 512，输出通道数均为类别数量 num_classes。

（3）反卷积模块的设计。通过 nn.ConvTranspose2d 实现，其输入和输出通道数均为类别数量 num_classes。

下面是 __init__ 方法的代码实现示例。

```
import torch
import torch.nn as nn
from torchvision import models

class FCN(nn.Module):
    def __init__(self, num_classes):
        super(FCN, self).__init__()

        # 加载预训练的 ResNet34 模型
        pretrained_net = models.resnet34(pretrained=False)

        # 获取 ResNet34 的不同阶段的层
        self.stage1 = nn.Sequential(*list(pretrained_net.children())[:-4])
        # 到第四层结束
        self.stage2 = list(pretrained_net.children())[-4]
        # 第四层
        self.stage3 = list(pretrained_net.children())[-3]
        # 第三层

        # 分数层：将不同阶段的特征图通道转换为与类别数相对应的通道
        self.scores1 = nn.Conv2d(128, num_classes, 1)
        self.scores2 = nn.Conv2d(256, num_classes, 1)
        self.scores3 = nn.Conv2d(512, num_classes, 1)
```

```
        # 反卷积层：用于对特征图进行上采样
        self.upsample_8x = nn.ConvTranspose2d(num_classes, num_classes, 16, stride=8, padding=4, bias=False)
        self.upsample_2x = nn.ConvTranspose2d(num_classes, num_classes, 4, stride=2, padding=1, bias=False)

        # 激活函数
        self.sigmoid = nn.Sigmoid()

    def forward(self, x):
        # 省略 forward 方法的实现细节
        pass

# 实例化模型，例如对于 21 个类别
num_classes = 21
fcn_model = FCN(num_classes)
```

在 forward 方法的实现中，输入图像首先通过三个阶段的卷积层序列提取特征。这些特征图在不同的阶段具有不同的尺寸，随后它们被融合以形成一个与原始图像尺寸相同的输出掩码。此过程涉及逐步上采样和特征融合的操作，不仅考虑了高层特征的语义信息，也保留了低层特征的细节信息，以实现精确的像素级分类。

具体来说，输入特征图 x 首先通过 self.stage1 处理，得到 8 倍下采样的特征图 s1。继续通过 self.stage2 处理，得到 16 倍下采样的特征图 s2。x 进一步通过 self.stage3 处理，得到 32 倍下采样的特征图 s3。得到这三个尺寸的特征图之后，接下来进行特征图的融合和上采样操作。

使用 self.scores3 对 s3 的输出进行评分，得到 s3_scores，然后对 s3_scores 进行 2 倍上采样得到 s3_scores_x2。此外，使用 self.scores2 计算 s2 的分数 s2_scores。因为 s3_scores_x2 和 s2_scores 的尺寸是一致的，它们可以直接相加进行融合，得到融合后的特征图 s2_fuse。接着，使用 self.scores1 计算 s1 的分数 s1_scores，并对 s2_fuse 进一步进行 2 倍上采样，

得到 s2_fuse_x2。s2_fuse_x2 与 s1_scores 相加融合，最终得到特征图 s_fuse。

为了生成与原始输入图像尺寸一致的分割掩码，对 s_fuse 执行 8 倍上采样操作，得到最终的输出掩码 s_x8。在此过程中，为了减少计算量，可重复使用 self.upsample_2x 执行 2 倍上采样操作。通过这种方式，模型能够有效地处理不同尺寸的特征图，并最终生成高分辨率的分割结果。

在代码实现中，应当确保上采样层的参数设置能够使特征图正确地恢复到相应尺寸，同时要保持特征图融合过程的一致性，以确保分割掩码的准确性。下面是 forward 方法的代码实现示例。

```
def forward(self, x):
    # 通过 stage1，得到 8 倍下采样的特征图 s1
    s1 = self.stage1(x)

    # 通过 stage2，得到 16 倍下采样的特征图 s2
    s2 = self.stage2(s1)

    # 通过 stage3，得到 32 倍下采样的特征图 s3
    s3 = self.stage3(s2)

    # 计算 s3 的分数，并进行 2 倍上采样
    s3_scores = self.scores3(s3)
    s3_scores_x2 = self.upsample_2x(s3_scores)

    # 计算 s2 的分数，与 s3_scores_x2 进行融合
    s2_scores = self.scores2(s2)
    s2_fuse = s3_scores_x2 + s2_scores  # 尺寸相同，直接相加融合

    # 再次进行 2 倍上采样以匹配 s1 的尺寸
    s2_fuse_x2 = self.upsample_2x(s2_fuse)

    # 计算 s1 的分数，与 s2_fuse_x2 进行融合
    s1_scores = self.scores1(s1)
    s_fuse = s2_fuse_x2 + s1_scores  # 尺寸相同，直接相加融合
```

```
    # 对融合后的特征图进行 8 倍上采样，得到最终的输出掩码 s_x8
    s_x8 = self.upsample_8x(s_fuse)
    # 此处的 upsample_8x 需要是 8 倍上采样

    # 可选：通过 sigmoid 函数获取二分类的概率输出
    # s_x8 = self.sigmoid(s_x8)

return s_x8
```

4.2　U-Net 图像分割网络[①]

U-Net 最开始是一种用于生物医学图像分割的卷积神经网络架构，由德国弗赖堡大学的计算机科学系于 2015 年提出。随着技术的发展，U-Net 被越来越多地应用在其他领域。

4.2.1　U-Net 综述

U-Net 结构由一个收缩路径和一个扩张路径组成，形似字母 U，因此得名 U-Net（图 4–2）。收缩路径负责提取图像的特征，扩张路径负责恢复图像的分辨率并输出分割结果。收缩路径和扩张路径之间有跳跃连接，用于融合浅层的位置信息和深层的语义信息。

收缩路径是一个典型的卷积网络，包括卷积的重复应用，每个卷积之后都有一个 ReLU 和一个最大池化操作。收缩路径中每个块（block）使用一个 2 × 2、步长为 2 的最大池化层实现特征图的 2 倍下采样。作为

① RONNEBERGER O，FISCHER P，BROX T. U-net: convolutional networks for biomedical image segmentation[C]//Medical image computing and computer-assisted intervention. Munich：Springer International Publishing，2015：234–241.

上下文信息损失的补偿，通道数增加为原来的 2 倍。收缩路径的作用是获取上下文信息，即图像中不同区域的语义关系和层次结构。收缩路径的输出是一个瓶颈层，包含了图像的全局特征。

收缩路径的设计参考了 FCN 的思想，使用卷积层代替全连接层，使得网络可以接受任意大小的输入图像，并输出与输入图像大小相同的分割结果。收缩路径对 FCN 的改进主要有两点：一是使用了数据增强，使得网络可以从有限的训练样本中学习更多的变化，提高分割的鲁棒性；二是使用了有效部分的卷积，即仅使用每个卷积的有效部分，例如分割图仅包含在输入图像中可获得完整上下文信息的像素。该设计通过重叠—切片（overlap-tile）策略可对任意大小的图像进行无缝分割。

要预测图像边缘区域中像素的类别标签，可对输入图像进行镜像操作以推断缺失的上下文信息。这种切片策略对于将网络应用于大型图像是重要的，否则图像的分辨率会受限于显存。

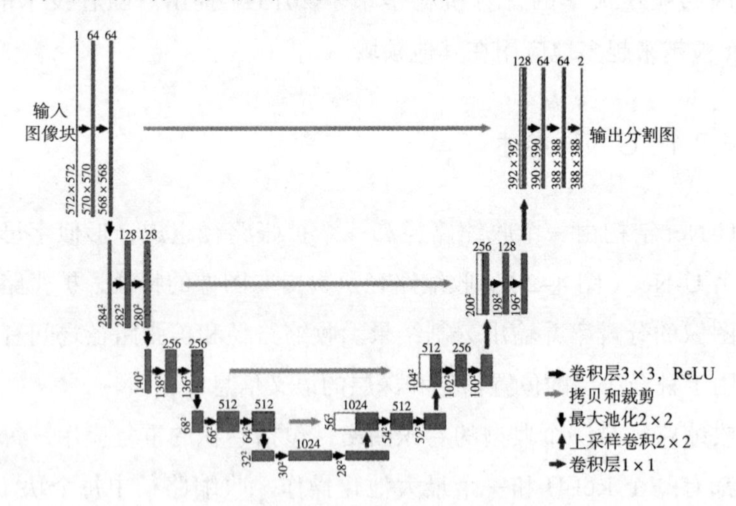

图 4-2　U-Net 图像分割网络结构[①]

① RONNEBERGER O，FISCHER P，BROX T. U-net: convolutional networks for biomedical image segmentation[C]//Medical image computing and computer-assisted intervention. Munich：Springer International Publishing，2015：2.

收缩路径的优点有以下几个：一是网络结构简单但有效，可以端到端地训练和预测；二是网络可以适应不同大小的输入图像，不需要进行裁剪或填充；三是网络可以利用数据增强来提高分割的质量和泛化能力；四是网络可以利用有效部分的卷积和重叠—切片策略来实现大型图像的无缝分割。

扩张路径是 U-Net 结构的后半部分，与收缩路径相对称，用于恢复图像的分辨率并输出分割结果。扩张路径的作用是获取精确的位置信息，即图像中不同像素的空间关系和边界信息。

扩张路径的设计同样参考了 FCN 的设计思想，即使用转置卷积或上采样代替最大池化，使网络可以输出与输入图像大小相同的分割结果。扩张路径对 FCN 的改进主要有两点：一是增加了跳跃连接，使网络可以利用收缩路径的浅层的高分辨率特征提高分割的精度；二是使用了叠加（concatenation）而不是相加（summation）来融合不同层次的特征，使网络可以保留更多的位置和语义信息。

扩张路径的每个 block 由以下几个步骤组成。

（1）上采样。使用 2×2 的转置卷积或双线性插值将特征图的尺寸放大 2 倍，同时将通道数减半。这一步的目的是将深层的低分辨率的语义信息恢复到浅层的高分辨率的空间特征。

（2）裁剪（crop）和叠加。将收缩路径中对应层的特征图裁剪为与上采样后的特征图相同的尺寸，然后在通道维度上进行叠加，形成更厚的特征图。这一步的目的是将收缩路径中的浅层的高分辨率的位置特征与扩张路径中的深层的低分辨率的语义信息进行融合，使网络可以同时利用位置和语义信息进行分割。

（3）卷积。使用两个 3×3 的卷积和一个 ReLU 函数对叠加后的特征图进行进一步的特征提取和非线性变换。这一步的目的是将融合后的特征进行更细致的处理，增强网络的表达能力。

扩张路径的最后一个 block 与其他 block 略有不同，它没有进行裁剪和叠加的操作，而是直接使用一个 1×1 的卷积将特征图的通道数变为分割类别数，输出最终的分割结果。

收缩路径和扩张路径之间有跳跃连接，用于将浅层的位置信息和深层的语义信息进行融合。U-Net 的每个卷积层都由两个 3×3 的卷积和一个 ReLU 函数组成，每个池化层都使用 2×2 的最大池化，每个上采样层都使用 2×2 的双线性插值。

4.2.2 U-Net 设计思路

U-Net 的“对称”并不是指左侧网络和右侧网络完全一致，而是一种整体上的对称性。①

在 U-Net 的下采样部分，每个卷积层使用 3×3 的卷积核以捕捉图像中的局部特征，每个卷积层后接一个 ReLU 函数以增加非线性，提高模型的表达能力。随后，通过 2×2 的最大池化操作减小特征图的尺寸，即每次池化后特征图的长和宽都减半。这个过程不仅缩小了特征图的空间尺寸，降低了后续计算的复杂性，还有助于模型捕捉更大范围的特征。在每次池化后特征通道数会增加一倍，使网络能够在每个下采样步骤中提取更多的特征信息。

上采样部分的设计旨在逐步重建图像的尺寸。这一部分使用 2×2 的卷积核来提升特征图的尺寸，同时每次上采样后，特征通道数减半。这种设计有助于逐渐恢复图像的空间维度，同时减少特征通道数，从而使网络能够集中重建更精确的图像内容。上采样过程中的一个关键特点是特征拼接，从下采样阶段得到的特征图被拼接到对应的上采样层。这种拼接机制使网络能够利用下采样阶段捕捉到的上下文信息，有助于改进分割的精确度。

① 丛晓峰，彭程威，章军. PyTorch 神经网络实战：移动端图像处理 [M]. 北京：机械工业出版社，2022：167.

最终，网络使用 1 × 1 的卷积层产生最终的分割结果，即输出掩码。下面展示具体的代码实现。

第一步定义 DoubleConvolutionBlock，即基本的卷积模块。

```
import torch
import torch.nn as nn

class DoubleConvolutionBlock(nn.Module):
    """
    双卷积块，用于 U-Net 架构中，包含两次卷积、两次批量归一化、两次激活的序列
    """
    def __init__(self, input_channels, output_channels):
        """
        初始化双卷积块。
        :param input_channels: 输入通道数
        :param output_channels: 输出通道数
        """
        super(DoubleConvolutionBlock, self).__init__()
        # 序列模块，包括两个 3 × 3 卷积层，每层后接批量归一化和 ReLU 函数
        self.double_conv = nn.Sequential(
            # 第一次卷积，保持空间尺寸不变
                nn.Conv2d(input_channels, output_channels, kernel_size=3, stride=1,
padding=1),
            # 批量归一化，稳定训练过程，加速收敛
            nn.BatchNorm2d(output_channels),
            # ReLU 函数，增加非线性，inplace 为 True 减少内存消耗
            nn.ReLU(inplace=True),
            # 第二次卷积，参数与第一次相同
                nn.Conv2d(output_channels, output_channels, kernel_size=3, stride=1,
padding=1),
            # 第二次批量归一化
            nn.BatchNorm2d(output_channels),
            # 第二次使用 ReLU 函数
            nn.ReLU(inplace=True)
        )

    def forward(self, x):
```

```
        """
        前向传播过程，输入 x 通过双卷积模块。
        :param x: 输入特征图
        :return: 经过两次卷积的特征图
        """
        return self.double_conv(x)
```

每个 DoubleConvolutionBlock 包含两次连续的 3 × 3 卷积操作。在这两次卷积之间及之后都加入了批量归一化层，以稳定训练过程并加速网络的收敛，同时有助于减少过拟合。每次卷积后的批量归一化处理保证了数据分布的一致性。卷积后的 ReLU 函数采用 inplace=True，有效减少了运算时的内存占用。这样的结构更适合训练深层网络，能够提高网络训练的稳定性和效率。

下一步定义上采样模块。

```
import torch
import torch.nn as nn

class UpSamplingConvolutionBlock(nn.Module):
    """
    上采样卷积块，在双线性插值上采样后进行一个卷积操作
    """
    def __init__(self, input_channels, output_channels):
        super(UpSamplingConvolutionBlock, self).__init__()
        # 上采样和卷积操作序列
        self.up_sampling_conv = nn.Sequential(
            # 双线性插值上采样将特征图的尺寸放大两倍
            nn.Upsample(scale_factor=2, mode=' bilinear' , align_corners=True),
            # 上采样后的 3 × 3 卷积，用于细化特征
            nn.Conv2d(input_channels, output_channels, kernel_size=3, padding=1),
            # 批量归一化层，稳定和加速训练
            nn.BatchNorm2d(output_channels),
            # ReLU 函数，增加非线性，减少内存占用
            nn.ReLU(inplace=True)
        )

    def forward(self, x):
```

```
        """
        通过上采样卷积块进行前向传播。
        :param x: 输入特征图
        :return: 上采样后的特征图
        """
        return self.up_sampling_conv(x)
```

插值操作由缩放因子 scale_ factor 为 2 的 nn.Upsample 实现。首先，使用 nn.Upsample 将特征图的大小增加一倍，具体采用双线性插值方法。接着，使用 nn.Conv2d 进行卷积操作，以细化特征图。然后，nn.BatchNorm2d 提供了批量归一化功能，以稳定训练过程。最后，nn.ReLU 为模型增加了非线性处理能力，参数 inplace=True 是为了减少内存消耗。在前向传播函数 forward 中，输入的数据 x 会经过这一系列定义好的层，完成上采样过程。

在实现 U-Net 的初始化方法时，下采样过程使用 4 个最大池化层，每层的核尺寸和步长都是 2，使每次池化后特征图的尺寸缩小一半。这些池化层分别命名为 self.pool1、self.pool2、self.pool3、self.pool4。卷积过程使用了 5 个 DoubleConvolutionBlock，分别命名为 self.double_conv1、self.double_conv2、self.double_conv3、self.double_conv4、self.double_conv5。初始化方法中还要设定输入通道数和输出通道数，以适配不同的数据集和需求。代码示例如下。

```
class UNet(nn.Module):
    """
    U-Net 模型，用于图像分割，包含下采样和上采样过程。
    """
    def __init__(self, input_channels, output_channels):
        super(UNet, self).__init__()
        # 定义各层的特征通道数量
        feature_channels = [8, 16, 32, 64, 128]
```

```
        # 初始化下采样阶段的双卷积块
        self.double_conv1 = DoubleConvolutionBlock(input_channels, feature_channels[0])
        self.pool1 = nn.MaxPool2d(2)
        self.double_conv2 = DoubleConvolutionBlock(feature_channels[0], feature_channels[1])
        self.pool2 = nn.MaxPool2d(2)
        self.double_conv3 = DoubleConvolutionBlock(feature_channels[1], feature_channels[2])
        self.pool3 = nn.MaxPool2d(2)
        self.double_conv4 = DoubleConvolutionBlock(feature_channels[2], feature_channels[3])
        self.pool4 = nn.MaxPool2d(2)
        self.double_conv5 = DoubleConvolutionBlock(feature_channels[3], feature_channels[4])

        # 初始化上采样阶段的上采样卷积块
        self.up_sampling_conv4 = UpSamplingConvolutionBlock(feature_channels[4], feature_channels[3])
        self.up_sampling_conv3 = UpSamplingConvolutionBlock(feature_channels[3], feature_channels[2])
        self.up_sampling_conv2 = UpSamplingConvolutionBlock(feature_channels[2], feature_channels[1])
        self.up_sampling_conv1 = UpSamplingConvolutionBlock(feature_channels[1], feature_channels[0])

        # 最终卷积层，转换特征图至输出通道数
        self.final_conv = nn.Conv2d(feature_channels[0], output_channels, kernel_size=1)

    def forward(self, x):
        # 前向传播过程
        # ...
        return x
```

DoubleConvolutionBlock 和 UpSamplingConvolutionBlock 根据 U-Net 结构各层的特征图维度指定输入通道数和输出通道数。如果下采样开始时输入通道数为 3（例如 RGB 图像），第一个 DoubleConvolutionBlock 会将特征通道数扩展到 8。在经过 4 次下采样后，特征图的通道数将增加到 128。随后上采样过程开始，通过 UpSamplingConvolutionBlock 逐渐将特征通道数减半，直到最终输出层的通道数与目标输出类别数相匹配。

forward 方法用来完成编码和解码的过程，下面具体实现 forward 方法。

```
def forward(self, x):
    # 编码部分
    encoded_f1 = self.double_conv1(x)
    x = self.pool1(encoded_f1)
    encoded_f2 = self.double_conv2(x)
    x = self.pool2(encoded_f2)
    encoded_f3 = self.double_conv3(x)
    x = self.pool3(encoded_f3)
    encoded_f4 = self.double_conv4(x)
    x = self.pool4(encoded_f4)
    encoded_f5 = self.double_conv5(x)

    # 解码部分，注意上采样后的特征图与对应的编码特征图拼接
    x = self.up_sampling_conv4(encoded_f5)
    x = torch.cat((x, encoded_f4), dim=1)
    decoded_f4 = self.double_conv4(x)

    x = self.up_sampling_conv3(decoded_f4)
    x = torch.cat((x, encoded_f3), dim=1)
    decoded_f3 = self.double_conv3(x)

    x = self.up_sampling_conv2(decoded_f3)
    x = torch.cat((x, encoded_f2), dim=1)
    decoded_f2 = self.double_conv2(x)

    x = self.up_sampling_conv1(decoded_f2)
    x = torch.cat((x, encoded_f1), dim=1)
    decoded_f1 = self.double_conv1(x)
```

```
# 应用最后一层卷积得到最终的分割 mask
output_mask = self.final_conv(decoded_f1)
return output_mask
```

编码阶段通过连续的卷积块捕获特征，输入 x，首先通过 self.double_conv1 获得特征图 encoded_f1，然后 self.pool1 进行池化得到 encoded_f2。重复这个过程，每个池化层后都跟随一个卷积块，直到得到 encoded_f5。在解码阶段，encoded_f5 经 self.up_sampling_conv4 上采样后，与 encoded_f4 拼接，形成 decoded_f4，之后再通过卷积块处理。这个解码过程重复执行，直至形成 decoded_f1。最后，self.final_conv 将 decoded_f1 转换成最终的输出掩码。

4.3 DeepLab 系列语义分割网络

DCNN 在高层次的视觉任务中，如图像分类和对象检测，表现出优越的性能，DCNN 可以自动学习从原始像素到高层语义的特征表示，而不需要人为地干预和先验知识。但是，DCNN 在语义图像分割任务上的应用还面临着一些问题，主要有以下两个方面。

一是 DCNN 最后一层的响应不够局部化，导致对象边界模糊和失真。这是因为 DCNN 为了保持很强的空间不变性以执行高层次的任务，通常采用最大池化和下采样的操作，使特征图的分辨率降低，丢失了一些细节信息。

二是 DCNN 不能有效地处理不同尺度的对象，因为它们的感受野是固定的，而且通常比较小。这意味着 DCNN 难以同时捕捉到对象的局部细节和全局上下文信息，从而影响了语义分割的准确性和鲁棒性。

为了解决这些问题，谷歌团队提出了一种新的语义图像分割系统，被称为 DeepLab，它结合了 DCNN 和条件随机场（conditional random field, CRF），利用空洞卷积（atrous convolution）和空洞空间金字塔池化（atrous spatial pyramid pooling, ASPP）来扩大感受野和提取多尺度特征。表 4–1 是 DeepLab 系列模型在 PASCAL VOC 2012 测试集上的性能对比。

表4–1　DeepLab系列模型在PASCAL VOC 2012测试集上的性能对比

模型	特征提取网络	分割性能 / %
DeepLab V1	VGG16	71.6
DeepLab V2	ResNet-101	79.7
DeepLab V3	ResNet-101	85.7
DeepLab V3	Xception	87.8
DeepLab V3+	Xception	89.0

4.3.1　DeepLab V1 模型①

DeepLab V1 基于 DCNN 引入了两个关键技术：空洞卷积和全连接 CRF，这两种技术显著提高了模型处理图像细节和边缘部分的能力。

1. 空洞卷积

空洞卷积是一种在卷积神经网络中扩大感受野的方法。空洞卷积最初是为了解决图像语义分割的问题而提出的，因为在语义分割中，需要在保持图像分辨率的同时，获取全局的语义信息。空洞卷积也被称为膨胀卷积或扩张卷积。

空洞卷积的基本思想是在卷积核中间填充一些空洞（零值），从而

① CHEN L C，PAPANDREOU G，KOKKINOS I，et al. Semantic image segmentation with deep convolutional nets and fully connected CRFs[EB/OL].（2015–04–09）[2024–03–21].https://arxiv.org/pdf/1412.7062v3.

使卷积核的实际大小增大，但是参数量不变。空洞卷积引入了一个超参数，叫作空洞率（dilation rate），表示空洞的大小。空洞率为 1 时，空洞卷积就退化为普通的卷积；空洞率大于 1 时，空洞卷积就可以扩大感受野。例如，一个 3×3 的卷积核，如果空洞率为 2，那么它的实际大小就变成了 5×5。

空洞卷积可以在不增加参数量和计算量的情况下，增加卷积核的有效大小，从而扩大感受野，捕获更多的上下文信息。这对于一些需要全局语义信息的任务，如语义分割、目标检测等，是非常有益的。空洞卷积可以在保持图像分辨率的同时，获取多尺度的信息。设置不同的空洞率，可以实现不同大小的感受野，从而捕获不同尺度的特征。这可以提高模型的鲁棒性和泛化能力。空洞卷积可以避免使用池化层或下采样层来增加感受野，从而避免了图像分辨率的降低和信息的丢失。这可以提高模型的精度和定位能力。

空洞卷积也存在一些问题。①空洞卷积可能导致一些网格效应或棋盘效应，即卷积后的特征图中，相邻的像素之间缺乏相关性，因为它们是从不同的子集中卷积得到的。这可能影响模型的连续性和平滑性。②空洞卷积可能导致一些局部信息的丢失，因为它们稀疏地采样输入信号，从而忽略了一些细节信息。这可能影响模型的敏感性和细致性。③空洞卷积可能导致一些优化困难，因为它们增加了模型的非线性程度，从而使梯度下降等算法难以收敛。这可能影响模型的稳定性和效率。

2. 全连接 CRF

在语义分割任务中尽管 CNN 能够有效地分类像素，但对物体边缘的处理往往不精确。这是因为 CNN 在下采样过程中会丢失一些细节信息，导致分割边缘模糊不清。为了解决这个问题，全连接 CRF 被引入深度学习模型，它能够在像素级别上建立远程依赖关系，使模型能够更精确地刻画边缘。

CRF 是一种图模型，其中各像素被视为图中的一个节点，节点之间的边表示像素之间的相互关系。在全连接 CRF 中，图的每对节点都通过一条边相连，这意味着每个像素都与图像中的其他像素相关联。这种全连接的特性使全连接 CRF 特别适合处理高度结构化的输出空间，如图像的像素级标注。

在全连接 CRF 中，能量函数通常包含两个主要部分：一部分是单像素潜在函数，与 CNN 的输出相关联，它反映了单个像素属于某个类别的置信度；另一部分是成对像素潜在函数，这一部分考虑了像素间的相似性和空间连续性。成对像素潜在函数通常依赖像素之间的颜色差异和空间距离，这使全连接 CRF 能够对相似颜色或空间接近的像素进行有效的分组。

全连接 CRF 的一个特点是它可以迭代地细化分割结果。在每次迭代中，全连接 CRF 根据当前的像素标注和成对像素的相似性，调整每个像素的分类。这种迭代过程使模型能够逐渐提高边缘的清晰度和分割的准确性，特别是在物体边界附近的区域。随着迭代次数的增加，分割结果越来越接近真实的物体轮廓，这对于高质量的图像解析至关重要。

实现全连接 CRF 时，通常采用高效的推断算法，如平均场近似（mean-field approximation）。这种方法通过迭代更新每个像素的标签分布，逼近全连接 CRF 的最优解。由于全连接 CRF 包含大量的像素关联信息，直接计算非常耗时。平均场近似将复杂的全连接 CRF 简化为单个像素独立处理，显著降低了计算复杂度，同时能够获得较好的分割结果。

在 DeepLab V1 中，全连接 CRF 不仅提升了边缘细节的处理能力，还增强了模型对不同对象和纹理的区分能力，比如在处理自然场景图像时，全连接 CRF 能够有效区分树木和建筑物等具有复杂纹理的物体，即使这些物体的颜色和形状非常接近。

全连接 CRF 也有其局限性。首先，全连接 CRF 的性能高度依赖其参数的设置，如成对像素潜在函数中的颜色相似度和空间距离权重。参数设置不当可能导致过度平滑或细节丢失。其次，尽管平均场近似提高了计算效率，但在处理高分辨率图像时仍然需要较大的计算资源。此外，全连接 CRF 作为后处理步骤，其性能受限于 CNN 输出质量，如果 CNN 本身的分类准确度不高，那么全连接 CRF 也难以取得好的效果，而在后续模型的迭代中全连接 CRF 也就被逐渐弃用了。

3. 模型架构

DeepLab V1 是在经典的 VGG16 的基础上发展而来的。通过引入创新技术，进行结构改进，DeepLab V1 能够更加精确地处理图像中的细节，尤其是物体边缘区域。模型的设计重点在于保持高分辨率的特征图，并通过特殊处理精确地定位物体的边缘。

VGG16 是一个深度卷积神经网络，由 16 层组成，包括 13 个卷积层和 3 个全连接层。这个网络的架构简单，在图像分类任务中表现出色。但是，在进行图像分割任务时，VGG16 原始架构中的下采样操作会导致特征图的分辨率下降，这对于精确的像素级分割来说是不利的。

为了解决这一问题，DeepLab V1 在 VGG16 的基础上进行了改进：引入了空洞卷积。为了保持更高的特征图分辨率，模型使用空洞卷积替代了 VGG16 的最后几个卷积层。这一改变基于这样一个观点：传统卷积网络中的连续池化层和步长卷积会导致特征图的分辨率急剧下降，这对于精确的像素级图像分割是不利的。空洞卷积允许模型在不减少分辨率的情况下增加感受野，从而捕获更多上下文信息。

DeepLab V1 对传统的池化层进行了调整。具体来说，模型中的 5 个最大池化层中，后两个被调整了步长（从 stride=2 改为 stride=1），这样做的目的是降低特征图缩小的速度。然而，改变池化层的步长会影响后续卷积层的感受野。为了减小这一影响，模型将后续卷积层改为空洞卷积，其空洞率分别为 2 和 4，这与扩张残差网络（dilated residual networks, DRN）的理念一致。

DeepLab V1 是一种 FCN，它将传统 CNN 中的全连接层替换为卷积层。这样的设计使网络能够输出与原始图像大小一致的特征图，并对每个像素进行分类。全卷积的设计不仅使网络可以处理任意大小的输入图像，而且提高了模型在空间上的解析能力。

为了进一步恢复分辨率并精确地进行像素级分类，DeepLab V1 使用了双线性插值法对特征图进行 8 倍上采样，从而获得与原始图像大小一致的像素分类图。这种上采样方法既能恢复图像的细节，又能提高分类的精度。

在最后阶段，DeepLab V1 应用了全连接 CRF 来进一步优化分割结果，特别是在边缘部分。全连接 CRF 利用像素之间的相互关系来精细化分割结果，尤其在像素值相近的区域。这种方法可以提高语义分割的边缘清晰度和准确性。

DeepLab V1 还采用了多尺度预测的策略来获取更好的边界信息。类似于 FCN 中的跳跃连接，DeepLab V1 在输入图像和前四个最大池化层后添加了额外的卷积层。这些层产生的预测结果被拼接到最终模型的输出上，相当于增加了多个通道。这种多尺度的预测方法虽然效果不如密集 CRF，但在一定程度上提高了分割的性能。

4. DeepLab V1 设计思路

下面提供一个简化的 DeepLab V1 的代码实现示例，这个示例包括网络结构的定义、模型的初始化、前向传播过程以及一个简单的训练循环。使用 Python 和 PyTorch 编写这个示例。

首先定义 DeepLab V1，在 VGG16 的基础上进行修改，添加空洞卷积层，并添加分类器。

```
import torch
import torch.nn as nn
from torchvision import models
from torch.utils.data import DataLoader
from torchvision.datasets import VOCSegmentation
from torchvision.transforms import Compose, ToTensor, Normalize

class DeepLabV1(nn.Module):
    def __init__(self, num_classes):
        super(DeepLabV1, self).__init__()
        # 使用预训练的 VGG16 模型
        vgg = models.vgg16(pretrained=True)
        self.features = vgg.features

        # 修改 VGG 的最后几个卷积层为空洞卷积
        # conv4_3, conv4_4, conv4_5
        self.features[17] = nn.Conv2d(256, 512, kernel_size=3, padding=2, dilation=2)
        self.features[19] = nn.Conv2d(512, 512, kernel_size=3, padding=2, dilation=2)
        self.features[21] = nn.Conv2d(512, 512, kernel_size=3, padding=2, dilation=2)
        # conv5_1, conv5_2, conv5_3
        self.features[24] = nn.Conv2d(512, 512, kernel_size=3, padding=4, dilation=4)
        self.features[26] = nn.Conv2d(512, 512, kernel_size=3, padding=4, dilation=4)
        self.features[28] = nn.Conv2d(512, 512, kernel_size=3, padding=4, dilation=4)

        # 添加一个新的分类器层
        self.classifier = nn.Conv2d(512, num_classes, kernel_size=1)

    def forward(self, x):
        x = self.features(x)
        x = self.classifier(x)
        # 使用双线性插值法进行上采样，还原到原始图像的分辨率
        x = nn.functional.interpolate(x, size=(x.size(2) * 8, x.size(3) * 8),
mode=' bilinear' , align_corners=False)
        return x
```

定义一个函数来加载 PASCAL VOC 2012 数据集，并进行必要的预处理。

```
def load_data(batch_size=4):
    # 数据预处理：转换为 Tensor，并进行标准化
    transform = Compose([ToTensor(), Normalize(mean=[0.485, 0.456, 0.406], 
std=[0.229, 0.224, 0.225])])
    # 加载 PASCAL VOC 2012 数据集
    train_data = VOCSegmentation(root='path/to/voc' , year=' 2012' , image_set='train'
, download=True, transform=transform)
    train_loader = DataLoader(train_data, batch_size=batch_size, shuffle=True)
    return train_loader
```

接下来编写模型的训练函数。

```
def train_model(model, data_loader, epochs=10):
    device = torch.device(“ cuda” if torch.cuda.is_available() else " cpu" )
    model.to(device)
    criterion = nn.CrossEntropyLoss()
    optimizer = torch.optim.Adam(model.parameters(), lr=0.001)

    for epoch in range(epochs):
        model.train()
        total_loss = 0
        for images, labels in data_loader:
            images, labels = images.to(device), labels.to(device)

            # 前向传播
            outputs = model(images)
            loss = criterion(outputs, labels)

            # 反向传播和优化
            optimizer.zero_grad()
            loss.backward()
            optimizer.step()

            total_loss += loss.item()

        print(f ' Epoch [{epoch + 1}/{epochs}], Loss: {total_loss/ len(data_loader)}' )
```

最后编写主函数，设置模型参数并开始训练。

```
def main():
num_classes = 21
# PASCAL VOC 数据集的类别数，包含 20 个物体类别和 1 个背景类别
batch_size = 4 # 批量大小
epochs = 10 # 训练周期数
model = DeepLabV1(num_classes)  # 创建 DeepLab V1 实例
data_loader = load_data(batch_size)  # 加载数据
train_model(model, data_loader, epochs)  # 训练模型
if name == ' main' :
main()
```

4.3.2 DeepLab V2 模型①

DeepLab V2 于 2018 年发表在《IEEE 模式分析与机器智能汇刊》（*IEEE transactions on pattern analysis and machine intelligence*, *TPAMI*）上，它在 DeepLab V1 的基础上进行了改进。

首先使用 ResNet-101 作为主干网络，提高了特征提取的能力和效率。ResNet 是一种深度残差网络，它通过引入跳跃连接来解决深度网络的退化问题，即随着网络深度的增加，训练误差反而增大，性能下降。跳跃连接可以使浅层的特征直接传递到深层，从而加速梯度的反向传播，提高网络的收敛速度和精度。

其次提出了 ASPP。ASPP 是一种多尺度特征融合的方法，可以捕捉不同尺度的物体和细节。ASPP 使用了不同扩张率的空洞卷积，从而得到不同感受野的特征图，然后将它们进行拼接或融合。ASPP 可以有效地处理物体在图像中存在尺度变化的问题，提高分割的鲁棒性。

---

① CHEN L C，PAPANDREOU G，KOKKINOS I，et al. Deeplab: semantic image segmentation with deep convolutional nets, atrous convolution, and fully connected CRFs[J]. IEEE transactions on pattern analysis and machine intelligence，2018，4（40）：834–848.

1.DeepLab V2 模型概述

DeepLab V2 是 DeepLab 语义分割模型系列的第二个版本，在 DeepLab V1 的基础上进行了多项改进，特别是在处理多尺度信息和边缘细节方面。

DeepLab V2 最主要的改进之一是引入了 ASPP，ASPP 能够有效地捕获不同尺度的上下文信息。在传统卷积神经网络中，由于连续的池化操作，网络在捕获全局信息时会丢失大量细节信息。ASPP 通过在多个尺度上应用空洞卷积，使网络能够在保持分辨率的同时理解更广阔的上下文信息。ASPP 包含多个并行的空洞卷积层，每层有不同的空洞率。这些空洞卷积层以相同的输入进行操作，但由于具有不同的空洞率，每层能够捕获不同尺度的特征。这些特征被合并起来，形成最终的特征表示，用于后续的像素分类。

此外，DeepLab V2 对模型的基础架构也进行了改进。模型仍然基于 VGG16 或 ResNet-101 这样的预训练网络，但是对这些网络的最后几层进行了修改，用空洞卷积层代替了原有的卷积层。这种修改使网络能够在更大的感受野内提取特征，而不会增加参数数量或提高计算复杂度。

DeepLab V2 同样使用了全连接 CRF 作为后处理步骤来进一步提高分割的精确度。全连接 CRF 通过考虑像素之间的关系，尤其在边缘区域，使分割结果更加平滑和精确。

在训练过程中，DeepLab V2 采用了多项技术来优化性能。其中包括多尺度输入和数据增强，这些方法可以提高模型对不同尺度和不同条件下物体的识别能力。同时，模型使用了一些常见的正则化技术，比如批量归一化，以提高训练的稳定性和收敛速度。

DeepLab V2 也特别注重计算效率。尽管 ASPP 和全连接 CRF 增加了一定的计算负担，但通过精心设计的空洞卷积策略和有效的 GPU 加速，模型能够在实时处理的同时保持较高的精度。

2. ASPP

ASPP 的设计灵感来自空间金字塔池化（spatial pyramid pooling, SPP）的概念，通过结合不同空洞率的空洞卷积，有效地捕获了图像中多尺度的特征。

在深度学习和计算机视觉领域，尤其在图像分割任务中，处理不同尺寸的物体一直是一个挑战。传统的卷积神经网络在逐层传递特征时，往往会因为连续的池化操作而降低空间分辨率，导致对小物体的细节捕获不足。为了解决这一问题，ASPP 应运而生，它在网络的深层引入多尺度的空洞卷积，能够在不降低分辨率的前提下，有效提取不同尺度的上下文信息。

ASPP 的核心思想是在网络的后期使用一组并行的空洞卷积层，每层具有不同的空洞率（卷积核中相邻元素的间距）。这些不同的空洞率使每个卷积层的感受野不同，能够捕获不同尺度的特征。例如，较小的空洞率对应较小的感受野，适合捕获细节信息；而较大的空洞率对应较大的感受野，有助于捕获更广泛的上下文信息。

ASPP 通常包含几个并行的空洞卷积层，这些层的输出会被合并起来，形成最终的特征表示。这种合并可以是简单的拼接或者加权求和，取决于具体的实现。这些特征随后被用于像素级的分类，如通过一个 1×1 的卷积层来预测每个像素的类别。

ASPP 中的空洞卷积除了能够捕获不同尺度的信息之外，还有一个重要优势：不增加额外的参数和计算负担。这是因为空洞卷积在卷积核中引入了空洞，而不是增加卷积核的大小或数量。这种设计使 ASPP 不仅在理论上有效，在实际应用中也是可行的。

在 DeepLab V2 中，ASPP 的引入显著提升了模型处理复杂场景的表现，尤其在细粒度的图像分割任务中。通过有效地处理不同尺度的特征，ASPP 使 DeepLab V2 能够更准确地识别和分割各种尺寸的物体，从小型物体的精细边缘到大型物体的广泛上下文信息。

ASPP 通过并行处理不同尺度的特征，解决了传统卷积神经网络在处理具有多尺度特征的图像时的局限性。这种策略使网络能够同时捕获图像中的细节信息和更广范围的上下文信息，这对于理解和分割复杂的视觉场景至关重要。ASPP 的设计思想在深度学习领域具有重要的意义，它不仅提高了模型在特定任务上的性能，还为理解和设计更有效的多尺度特征提取机制提供了新的视角。

3. 模型架构

DeepLab V2 以 ResNet-101 为主干网络。ResNet 是一种由微软研究院的研究人员提出的革命性的深度神经网络结构。它的核心思想是通过引入跳跃连接，来解决深度网络中的退化问题。在传统的深度神经网络中，随着网络深度的增加，网络容易出现训练误差增大和性能下降的问题。而 ResNet 通过在卷积层之间添加跳跃连接，使得浅层的特征可以直接传递到深层，这不仅加速了梯度的反向传播，还有效地提高了网络的训练稳定性和最终的分类精度。

通常随着层数的增加，深度神经网络的性能会逐渐提高，但过深的网络结构会引入新的问题，如训练误差的增加和性能的下降。这主要是因为梯度消失和梯度爆炸问题使网络难以训练。ResNet 通过引入跳跃连接来解决这个问题。这些连接允许网络中的信号绕过一层或多层直接传输，提供了一种从浅层直接到达深层的路径，加速了梯度的反向传播，减少了训练过程中的误差积累，从而提高了训练的稳定性和网络的性能。

在 DeepLab V2 中，拥有 101 个卷积层的 ResNet-101 具有非常深的网络结构，这使得模型可以捕捉到更加丰富和细致的特征。这对于图像分割任务尤为重要，因为它需要网络理解和区分图像中的各种复杂模式和细节。更深层次的网络结构意味着更大的感受野，能够捕捉到更广泛的上下文信息，这对于理解图像中的对象和场景至关重要。

ResNet-101 的残差连接设计对于缓解梯度消失问题非常有效。这些连接确保即使在深层网络中，梯度也能有效地传回网络的初始层，从而使网络即使在极深的结构中也能保持有效的学习和收敛。这一点对于图像分割这样的高难度任务来说尤为重要，因为它需要模型学习和提取高度复杂和抽象的特征表示。

4. DeepLab V2 设计思路

首先实现 ASPP 模块。

```
import torch
import torch.nn as nn
import torch.nn.functional as F

class _ASPP(nn.Module):
    """
    空洞空间金字塔池化模块
    用于在不同的空间尺度上捕获图像特征。它包含多个具有不同空洞率的卷积层，
    用于在保持参数量不变的情况下增加感受野

    参数：
    - in_ch (int): 输入通道数
    - out_ch (int): 输出通道数
    - rates (list of int): 空洞率列表，每个空洞率对应一个卷积层
    """
    def __init__(self, in_ch, out_ch, rates):
        super(_ASPP, self).__init__()
        self.aspp_modules = nn.ModuleList()
        for rate in rates:
            self.aspp_modules.append(
                nn.Conv2d(in_ch, out_ch, 3, padding=rate, dilation=rate, bias=True)
            )

        # 初始化所有卷积层的权重和偏置
        for m in self.aspp_modules:
            nn.init.normal_(m.weight, mean=0, std=0.01)
            nn.init.constant_(m.bias, 0)

    def forward(self, x):
        # 将所有卷积层的输出相加
        return sum([module(x) for module in self.aspp_modules])
```

_ASPP 类定义了一个 ASPP 模块，包含了多个具有不同空洞率的空洞卷积层。这些空洞卷积层可以捕获不同尺度的上下文信息，对于精确的图像分割非常重要。在前向传播（forward 方法）中，模块会对所有卷积层的输出进行求和，以获得最终的特征图。

模型的主体结构如下。

```
class DeepLabV2(nn.Module):
    """
    DeepLabV2 模型类
    包含：
    - 初始层 (Stem)
    - 残差层 (ResLayer)
    - ASPP 模块

    参数：
    - n_classes (int): 分类的类别数
    - n_blocks (list of int): 每个残差层中残差块的数量
    - atrous_rates (list of int): ASPP 模块中使用的空洞率
    """

    def __init__(self, n_classes, n_blocks, atrous_rates):
        super(DeepLabV2, self).__init__()
        ch = [64 * 2 ** p for p in range(6)]

        # 构建初始层
        self.add_module(“ layer1” , _Stem(ch[0]))

        # 构建残差层
        self.add_module(" layer2 ", _ResLayer(n_blocks[0], ch[0], ch[2], 1, 1))
        self.add_module(" layer3 ", _ResLayer(n_blocks[1], ch[2], ch[3], 2, 1))
        self.add_module(" layer4 ", _ResLayer(n_blocks[2], ch[3], ch[4], 1, 2))
        self.add_module(" layer5 ", _ResLayer(n_blocks[3], ch[4], ch[5], 1, 4))

        # 添加 ASPP 模块
        self.add_module("aspp", _ASPP(ch[5], n_classes, atrous_rates))
```

```
    def forward(self, x):
        # 依次通过模型的各个层
        x = self.layer1(x)
        x = self.layer2(x)
        x = self.layer3(x)
        x = self.layer4(x)
        x = self.layer5(x)

        # 通过 ASPP 模块并返回最终结果
        return self.aspp(x)

    def freeze_bn(self):
        """
        冻结模型中的批量归一化层
        """
        for m in self.modules():
            if isinstance(m, nn.BatchNorm2d):
                m.eval()
```

这段代码定义了 DeepLab V2 模型的主体结构，包括初始层、多个残差层和 ASPP 模块。在前向传播方法 forward 中，输入数据依次通过这些组件，最后通过 ASPP 模块输出最终的分割结果。

卷积、批量归一化和 ReLU 级联（_ConvBnReLU 类）、残差块（_Bottleneck 类）、残差层（_ResLayer 类）和初始层（_Stem 类）的代码实现如下。

```
class _ConvBnReLU(nn.Sequential):
    """
    级联卷积层、批量归一化和 ReLU 函数
    在残差块和初始层中频繁使用
    """
    def __init__(self, in_ch, out_ch, kernel_size, stride, padding, dilation, relu=True):
        super(_ConvBnReLU, self).__init__()
        self.add_module("conv", nn.Conv2d(in_ch, out_ch, kernel_size, stride, padding, 
dilation, bias=False))
```

```
        self.add_module("bn", nn.BatchNorm2d(out_ch))
        if relu:
            self.add_module("relu", nn.ReLU())

class _Bottleneck(nn.Module):
    """
    ResNet 中的残差瓶颈结构
    包括一个维度降低的卷积层、一个 3×3 卷积层和一个维度提升的卷积层，以及
一个跳跃连接
    """
    def __init__(self, in_ch, out_ch, stride, dilation, downsample):
        super(_Bottleneck, self).__init__()
        mid_ch = out_ch // 4
        self.reduce = _ConvBnReLU(in_ch, mid_ch, 1, stride, 0, 1)
        self.conv3x3 = _ConvBnReLU(mid_ch, mid_ch, 3, 1, dilation, dilation)
        self.increase = _ConvBnReLU(mid_ch, out_ch, 1, 1, 0, 1, False)
        self.shortcut = downsample or (lambda x: x)

    def forward(self, x):
        residual = x
        x = self.reduce(x)
        x = self.conv3x3(x)
        x = self.increase(x)
        x += self.shortcut(residual)
        return F.relu(x)

class _ResLayer(nn.Sequential):
    """
    ResNet 中的残差层
    包含多个残差瓶颈块，支持多网格策略
    """
    def __init__(self, n_layers, in_ch, out_ch, stride, dilation):
        super(_ResLayer, self).__init__()
        downsample = _ConvBnReLU(in_ch, out_ch, 1, stride, 0, 1, False)
        self.add_module("block1", _Bottleneck(in_ch, out_ch, stride, dilation,
downsample))
        for i in range(1, n_layers):
            self.add_module("block{}".format(i+1), _Bottleneck(out_ch, out_ch, 1,
dilation, None))
```

```
class _Stem(nn.Sequential):
    """
    网络的初始层
    包含一个较大卷积核和步长的卷积层以及一个最大池化层
    """
    def __init__(self, out_ch):
        super(_Stem, self).__init__()
        self.add_module("conv1", _ConvBnReLU(3, out_ch, 7, 2, 3, 1))
        self.add_module("pool", nn.MaxPool2d(3, 2, 1, ceil_mode=True))
```

（1）_ConvBnReLU 类。这是一个序列模块，包含卷积层、批量归一化和 ReLU 函数，它在残差块和初始层中被频繁使用。

（2）_Bottleneck 类。该类定义了 ResNet 中的残差瓶颈结构，包括一个维度降低的卷积层，一个 3×3 卷积层，一个维度提升的卷积层，以及一个跳跃连接，在前向传播中实现了残差连接的特性。

（3）_ResLayer 类。这是 ResNet 中的一个完整的残差层，由多个残差瓶颈块组成。在第一个块中实现了下采样，并支持多网格策略。

（4）_Stem 类。该类定义了网络的第一个卷积层，通常包含较大的卷积核和步长，以及一个最大池化层，用于初始的特征提取和空间尺寸的减小。

这些类共同构成了 DeepLab V2 模型的基本组件，使模型能够有效地处理图像分割任务。在实际应用中可以根据具体需求和数据集特性对这些组件进行适当的调整。比如，根据输入图像的尺寸和特性选择合适的空洞率和卷积核尺寸。

4.3.3 DeepLab V3 模型①

DeepLab V3 于 2017 年发表在 IEEE 国际计算机视觉与模式识别会议（IEEE conference on computer vision and pattern recognition, CVPR）上，是 DeepLab 语义分割模型系列的第三个版本。它在 DeepLab V2 的基础上进行了一系列的改进。

1. ASPP 模块的优化

在 DeepLab V2 中，ASPP 模块通过使用不同空洞率的空洞卷积来捕获多尺度特征。DeepLab V3 在此基础上增加了两个重要的分支。

（1）1 × 1 卷积分支。这一分支加入了标准的 1 × 1 卷积层，其目的是捕获图像中的细节和局部特征。不同于空洞卷积，1 × 1 卷积关注的是局部特征而非更大的感受野，使 ASPP 能够同时捕捉到局部细节和更广范围的上下文信息，从而提高了模型对图像特征的理解能力。

（2）全局平均池化分支。此分支对整个特征图进行全局平均池化，以提取图像的全局上下文信息。这一分支是理解图像整体布局和场景的关键，它将整个图像的空间维度压缩到一个固定大小的向量，强化了模型对整体特征的把握。这种全局信息在模型处理图像中的大尺寸结构时非常有价值，尤其在辨认图像的整体场景或背景时。

此外，在每个空洞卷积分支之后，DeepLab V3 加入了批量归一化。这一改进有助于加速模型的训练过程，同时提高了模型的稳定性和泛化能力。批量归一化通过对输入的每个小批量数据进行标准化，减少了内部协变量偏移，使模型训练更加稳定，同时允许使用更高的学习率，加速收敛过程。

① CHEN L C，PAPANDREOU G，SCHROFF F，et al. Rethinking atrous convolution for semantic image segmentation [EB/OL].（2017-12-05）[2024-03-21].https://arxiv.org/abs/1706.05587.

2. 更深的网络结构

通过采用更深的网络结构，DeepLab V3 显著提升了特征提取能力，尤其是在处理复杂的图像分割任务时。

（1）Xception 网络。Xception 网络是一种高效的深度学习架构，基于深度可分离卷积设计。在 Xception 中引入深度可分离卷积是为了提高网络的参数效率和计算效率。

深度可分离卷积首先进行逐通道的空间卷积，然后通过逐点卷积组合这些特征。这种方法相比传统的卷积操作，在保持相同甚至更高特征提取能力的同时，显著减少了模型的参数数量和计算负担。

Xception 网络在提取丰富的图像特征时特别有效，尤其在需要理解图像中细粒度细节的场景中。通过这种高效的特征提取方式，DeepLab V3 能够更好地处理图像中的各种纹理、形状和结构信息。

（2）Dilated-ResNet-101 网络。DeepLab V3 中采用了 Dilated-ResNet-101，这是对传统 ResNet-101 架构的改进。在这个版本中，最后一个残差块的卷积被空洞卷积替换，目的是增加感受野，同时保持特征图的空间分辨率。空洞卷积通过在卷积核中引入空洞来增加感受野，而不增加额外的参数量。这使模型能够捕获更广泛的上下文信息，对于理解图像中的大尺度结构和复杂关系至关重要。Dilated-ResNet-101 在 DeepLab V3 中成为一个强大的特征提取器，能够有效地捕捉各种尺度的特征，从而提高分割的准确性和细节表现。

3. 去除全连接 CRF 后处理

在 DeepLab V2 及其前身中，全连接 CRF 被广泛用于优化网络输出的边缘细节，全连接 CRF 作为一个强大的图像后处理工具能够在像素级别上改善分割精度，通过建立像素之间的关系，提高分割结果的连贯性和准确性。然而，随着 DeepLab V3 特征提取能力的显著增强，使用全连接 CRF 的必要性逐渐减小。

（1）网络自身的增强。DeepLab V3 通过优化的 ASPP 模块和更深的网络结构（如 Xception 和 Dilated-ResNet-101），显著提升了模型捕获细节和上下文信息的能力。这些改进使模型在没有全连接 CRF 的情况下也能实现高质量的分割效果。

模型能够更有效地识别和分割图像中的各种物体，包括那些具有复杂边缘和细节的物体。

（2）全连接 CRF 的局限性。尽管全连接 CRF 在某些情况下能提高分割精度，但全连接 CRF 依赖复杂的迭代优化过程，这不仅增加了计算成本，还可能导致过度平滑和细节的丢失，特别是在图像具有高度复杂和精细的结构时。

由于全连接 CRF 在某些情况下甚至可能降低分割精度，因此 DeepLab V3 决定去除这一后处理步骤。

（3）简化模型结构。去除全连接 CRF 后处理简化了 DeepLab V3 的整体结构，使模型更易于训练和部署。这种简化还有助于提高模型的可解释性，因为模型的输出不再依赖复杂的后处理算法。

DeepLab V3 在其前两个版本的基础上进行了进一步的优化和精炼，通过在 ASPP 模块中融合多尺度信息和全局上下文信息，提升了模型的综合性能。模型在多个公开的基准数据集上展示了优越的性能，特别是在处理细粒度和具有挑战性的图像分割任务时。DeepLab V3 的改进还体现在其对不同分辨率输入图像的适应性上，这使模型在实际应用中更灵活和实用。

DeepLab V3 的成功证明了在深度学习模型设计中，优化内部结构和算法有时比增加外部处理步骤更有效。这种设计理念的转变不仅体现了技术的成熟，也为未来的研究提供了新的方向。

4. DeepLab V3 设计思路

首先完成各辅助类的定义。

```
import torch
import torch.nn as nn
import torch.nn.functional as F

class Conv2dReLU(nn.Module):
    """
    卷积层 + 批量归一化 + ReLU 函数
    实现一个基础的卷积操作，包含卷积层、批量归一化和 ReLU 函数
    """
    def __init__(self, in_channels, out_channels, kernel_size, padding=0, stride=1, 
use_batchnorm=True):
        super().__init__()

        if use_batchnorm:
            # 使用批量归一化
            self.block = nn.Sequential(
                nn.Conv2d(in_channels, out_channels, kernel_size, stride=stride, 
padding=padding, bias=False),
                nn.BatchNorm2d(out_channels),
                nn.ReLU(inplace=True)
            )
        else:
            # 不使用批量归一化
            self.block = nn.Sequential(
                nn.Conv2d(in_channels, out_channels, kernel_size, stride=stride, 
padding=padding, bias=True),
                nn.ReLU(inplace=True)
            )

    def forward(self, x):
        return self.block(x)

class ASPP(nn.Module):
    """
    空洞空间金字塔池化，用于提取多尺度的特征
    利用不同的空洞率在卷积层中捕捉不同尺度的上下文信息
    """
    def __init__(self, in_channels, out_channels, atrous_rates):
```

```
        super().__init__()
        modules = []
        # 添加标准卷积层
        modules.append(
            nn.Sequential(
                nn.Conv2d(in_channels, out_channels, 1, padding=0, dilation=1,
bias=False),
                nn.BatchNorm2d(out_channels),
                nn.ReLU(inplace=True)
            )
        )

        # 通过不同的空洞率添加卷积层
        for rate in atrous_rates:
            modules.append(
                nn.Sequential(
                    nn.Conv2d(in_channels, out_channels, 3, padding=rate, dilation=rate,
bias=False),
                    nn.BatchNorm2d(out_channels),
                    nn.ReLU(inplace=True)
                )
            )

        self.convs = nn.ModuleList(modules)

    def forward(self, x):
        # 在通道维度上合并不同空洞率的特征
        return torch.cat([conv(x) for conv in self.convs], dim=1)
class Decoder(nn.Module):
    """
    解码器，用于将特征图上采样至输入图像的尺寸
    结合低层次特征和高层次特征，进行上采样以恢复图像的分辨率
    """
    def __init__(self, num_classes, low_level_channels, high_level_channels):
        super().__init__()
        self.conv1 = Conv2dReLU(low_level_channels, 48, 1, use_batchnorm=True)
        self.conv2 = Conv2dReLU(48 + high_level_channels, 256, 3, padding=1, use_
batchnorm=True)
        self.conv3 = Conv2dReLU(256, 256, 3, padding=1, use_batchnorm=True)
```

```
        self.classifier = nn.Conv2d(256, num_classes, 1)
    def forward(self, low_level_feat, high_level_feat):
        # 对低级特征应用卷积
        low_level_feat = self.conv1(low_level_feat)
        # 将高级特征上采样至低级特征的尺寸
        high_level_feat = F.interpolate(high_level_feat, size=low_level_feat.shape[2:],
mode='bilinear', align_corners=False)
        # 将低级特征与高级特征在通道维度上拼接
        x = torch.cat((low_level_feat, high_level_feat), dim=1)
        # 经过两个卷积层进一步提取特征
        x = self.conv2(x)
        x = self.conv3(x)
        # 使用分类器卷积层将特征图转换为预测图
        x = self.classifier(x)
        # 将预测图上采样至原始图像尺寸
        x = F.interpolate(x, scale_factor=4, mode='bilinear', align_corners=False)
        return x
```

在上面的代码中，Conv2dReLU 类定义了一个标准的卷积块，包含卷积层、批量归一化和 ReLU 函数。ASPP 类实现了 ASPP 模块，这是 DeepLab V3 模型的一个关键特征，用于在多个尺度上捕获图像的上下文信息。

Decoder 类是解码器部分，用于结合不同层次的特征并通过上采样将预测图还原到原始图像的尺寸。

接下来定义 DeepLab V3 的主模型，其通常包括一系列残差层（可以使用预训练的 ResNet 模型作为骨干网络）、ASPP 模块以及最终的卷积层。为了简化说明，这里以 ResNet 为骨干网络，也可以根据需要替换为其他网络结构。

```
class DeepLabV3(nn.Module):
    """
    DeepLabV3 主模型
    包括残差层、ASPP 模块和最终的卷积层
    """
    def __init__(self, num_classes, backbone='resnet', pretrained=True, use_aspp=True):
```

```
        super().__init__()

        # 使用预训练的 ResNet 作为骨干网络
        if backbone == 'resnet':
            self.backbone = torchvision.models.resnet101(pretrained=pretrained)
            low_level_channels = 256  # 通常是 ResNet 的第一层输出通道数
            high_level_channels = 2048  # 通常是 ResNet 的最后一层输出通道数

        # 修改骨干网络，去掉原始的平均池化层和全连接层
        self.backbone = nn.Sequential(*list(self.backbone.children())[:-2])

        # ASPP 模块
        if use_aspp:
            self.aspp = ASPP(high_level_channels, 256, [12, 24, 36])
        else:
            self.aspp = None

        # 解码器
        self.decoder = Decoder(num_classes, low_level_channels, 256)

        # 最终的卷积层，生成分割结果
        self.final_conv = nn.Conv2d(256, num_classes, 1)

    def forward(self, x):
        # 提取低级和高级特征
        low_level_feat = self.backbone[:4](x)
        high_level_feat = self.backbone[4:](x)

        # 通过 ASPP 模块
        if self.aspp is not None:
            high_level_feat = self.aspp(high_level_feat)

        # 通过解码器
        x = self.decoder(low_level_feat, high_level_feat)

        # 通过最终的卷积层
        x = self.final_conv(x)
        return x
```

ASPP 类用于提取多尺度特征，是 DeepLab V3 的关键部分。

Decoder 类用于结合低级特征和高级特征，并进行上采样以恢复分辨率。

final_conv 是最后的卷积层，用于生成最终的分割结果。

最后进行模型初始化和测试。

```
if __name__ == "__main__":
    # 模型实例化
    num_classes = 21  # 分类数，这里以 PASCAL VOC 数据集为例
    model = DeepLabV3(num_classes)

    # 将模型设置为评估模式
    model.eval()
    # 准备测试数据
    # 这里以一个随机生成的测试图像为例
    input_tensor = torch.randn(1, 3, 512, 512)  # 假设输入尺寸为 512 × 512

    # 模型输出
    with torch.no_grad():  # 禁用梯度计算
        output = model(input_tensor)
        print(" 模型输出的尺寸 :", output.size())

    # 如果有真实图像进行测试，可以使用以下代码
    # image_path = 'path_to_your_image.jpg'
    # image = Image.open(image_path)
    # transform = transforms.Compose([
    #     transforms.ToTensor(),
    #     transforms.Normalize(mean=[0.485, 0.456, 0.406], std=[0.229, 0.224, 0.225]),
    #     transforms.Resize((512, 512))
    # ])
    # input_tensor = transform(image).unsqueeze(0)  # 添加批量维度
    # with torch.no_grad():
    #     output = model(input_tensor)
    #     print(" 模型输出的尺寸 :", output.size())
```

4.3.4 DeepLab V3+ 模型[①]

1. DeepLab V3+ 综述

DeepLab V3+ 发表于 2018 年的 ICCV 上，它在 DeepLab V3 的基础架构上增加了一个解码器模块。增加这个解码器模块的目的是避免由编码器中连续卷积和池化操作造成的细节和边缘信息的丢失。

模型保持了 DeepLab V3 中的 ASPP 模块和更深的网络结构，如 Xception 和 Dilated-ResNet-101，这些都是为了提高特征提取的能力。

首先，解码器对编码器的最后一个特征图进行上采样，将其恢复到原始输入的 1/4 分辨率。这一步骤是为了逐步恢复图像的空间维度，同时保留由编码器捕获的高层语义信息。

接下来，模型将编码器低层的特征图（这些特征图具有更高的分辨率和丰富的细节信息）进行通道数的减少，然后与上采样后的特征图进行拼接。这一步骤的目的是融合高层的语义信息和低层的细节信息，为恢复精确的分割边缘打下基础。

在拼接的特征图上，模型进行几个卷积操作，进一步细化特征并恢复更多的细节。这些卷积操作不仅帮助模型精确地恢复物体的边缘，还提高了分割结果的整体清晰度和准确性。

解码器模块的加入使 DeepLab V3+ 在处理图像分割任务时，特别是在处理边缘和细节方面表现得更加优秀。与 DeepLab V3 相比，DeepLab V3+ 在恢复小物体和复杂边缘结构方面的能力有了显著的提升。

在多个公开的基准数据集上，DeepLab V3+ 展示了优越的性能，尤其是在需要高分辨率细节的应用场景中，如街景分割、医疗图像分析等。

---

① CHEN L C，ZHU Y K，PAPANDREOU G，et al. Encoder-decoder with atrous separable convolution for semantic image segmentation [EB/OL].（2018-08-22）[2024-03-21].https://arxiv.org/abs/1802.02611.

DeepLab V3+ 的设计理念和技术实现对深度学习和计算机视觉领域产生了深远的影响。它不仅展示了如何通过精心设计的网络架构来提高模型的性能，还证明了深度学习在解决复杂视觉任务中的巨大潜力。DeepLab V3+ 的成功也激发了后续更多创新模型的发展，推动了图像处理技术的不断进步。

2. DeepLab V3+ 设计思路

DeepLab V3+ 模型的基础模块主要包括标准卷积层、批量归一化以及 ReLU 函数。下面是定义基础模块的代码内容。

```
import torch
import torch.nn as nn
import torch.nn.functional as F

class Conv2dReLU(nn.Module):
    """
    卷积层 + 批量归一化 + ReLU 函数
    实现一个基础的卷积操作，包含卷积层、批量归一化和 ReLU 函数
    """
    def __init__(self, in_channels, out_channels, kernel_size, padding=0, stride=1, use_batchnorm=True):
        super().__init__()

        if use_batchnorm:
            # 使用批量归一化
            self.block = nn.Sequential(
                nn.Conv2d(in_channels, out_channels, kernel_size, stride=stride, padding=padding, bias=False),
                nn.BatchNorm2d(out_channels),
                nn.ReLU(inplace=True)
            )
        else:
            # 不使用批量归一化
            self.block = nn.Sequential(
                nn.Conv2d(in_channels, out_channels, kernel_size, stride=stride, padding=padding, bias=True),
```

```
            nn.ReLU(inplace=True)
        )

    def forward(self, x):
        return self.block(x)

class SeparableConv2d(nn.Module):
    """
    可分离卷积层
    首先进行深度卷积（depthwise convolution），然后进行逐点卷积（pointwise convolution）
    """
    def __init__(self, in_channels, out_channels, kernel_size, padding=0, stride=1, use_batchnorm=True):
        super().__init__()
        self.depthwise = nn.Conv2d(in_channels, in_channels, kernel_size, stride, padding, groups=in_channels, bias=False)
        self.pointwise = nn.Conv2d(in_channels, out_channels, 1, bias=False)

        self.use_batchnorm = use_batchnorm
        if use_batchnorm:
            self.bn = nn.BatchNorm2d(out_channels)
        self.relu = nn.ReLU(inplace=True)

    def forward(self, x):
        x = self.depthwise(x)
        x = self.pointwise(x)
        if self.use_batchnorm:
            x = self.bn(x)
        x = self.relu(x)
        return x
```

在这段代码中，Conv2dReLU 类实现了一个包含卷积层、批量归一化和 ReLU 函数的基础卷积块。SeparableConv2d 类实现了可分离卷积层，这是 DeepLab V3+ 模型的一个特点。可分离卷积首先使用深度卷积进行空间特征提取，然后用逐点卷积进行通道组合，这样可以减少参数量并提高效率。

这些基础模块是构建 DeepLab V3+ 模型的必要组件。在接下来的代码中，这些基础模块将被用来构建更复杂的网络结构，如 ASPP 模块和主模型结构。下面是定义 ASPP 模块的代码。

```
class ASPPConv(nn.Module):
    """
    ASPP 的卷积层
    使用特定空洞率的卷积层来捕获不同尺度的上下文信息
    """
    def __init__(self, in_channels, out_channels, dilation):
        super().__init__()
        self.block = nn.Sequential(
            nn.Conv2d(in_channels, out_channels, 3, padding=dilation, dilation=dilation,
bias=False),
            nn.BatchNorm2d(out_channels),
            nn.ReLU(inplace=True)
        )

    def forward(self, x):
        return self.block(x)

class ASPPPooling(nn.Module):
    """
    ASPP 的池化层
    使用全局平均池化来捕捉全局上下文信息
    """
    def __init__(self, in_channels, out_channels):
        super().__init__()
        self.global_avg_pool = nn.AdaptiveAvgPool2d(1)
        self.conv = nn.Conv2d(in_channels, out_channels, 1, bias=False)
        self.bn = nn.BatchNorm2d(out_channels)
        self.relu = nn.ReLU(inplace=True)

    def forward(self, x):
        size = x.shape[-2:]
        x = self.global_avg_pool(x)
        x = self.conv(x)
```

```
        x = self.bn(x)
        x = self.relu(x)
        return F.interpolate(x, size=size, mode='bilinear', align_corners=False)

class ASPP(nn.Module):
    """
    ASPP 模块
    结合不同空洞率的卷积层和全局平均池化层来捕获多尺度上下文信息
    """
    def __init__(self, in_channels, atrous_rates):
        super().__init__()
        out_channels = 256
        self.modules = []
        self.modules.append(nn.Sequential(ASPPConv(in_channels, out_channels, 1)))
# 空洞率为 1 的卷积

        # 不同空洞率的卷积层
        for rate in atrous_rates:
            self.modules.append(ASPPConv(in_channels, out_channels, rate))

        # 全局平均池化层
        self.modules.append(ASPPPooling(in_channels, out_channels))

        self.convs = nn.ModuleList(self.modules)

        # 投影层，将不同层的特征投影到相同的维度
        self.project = nn.Sequential(
            nn.Conv2d(len(self.modules) * out_channels, out_channels, 1, bias=False),
            nn.BatchNorm2d(out_channels),
            nn.ReLU(inplace=True),
            nn.Dropout(0.5)
        )

    def forward(self, x):
        res = []
        for conv in self.convs:
            res.append(conv(x))
```

```
        res = torch.cat(res, dim=1)
        return self.project(res)
```

其中，ASPPConv类定义了ASPP模块中的卷积层，它使用不同的空洞率来捕捉不同尺度的上下文信息。ASPPPooling类定义了ASPP模块中的池化层，它使用全局平均池化来捕捉全局上下文信息。ASPP类是ASPP模块的主体，它结合了多个不同空洞率的卷积层和一个全局平均池化层，最后通过一个投影层将所有特征图融合在一起。

主模型结构部分的代码如下。

```
import torchvision

class DeepLabV3Plus(nn.Module):
    """
    DeepLabV3+ 主模型结构
    包括骨干网络、ASPP 模块、解码器以及最终的分类层
    """
    def __init__(self, num_classes, backbone='resnet', pretrained=True):
        super().__init__()

        # 骨干网络，这里以预训练的 ResNet 作为例子
        if backbone == 'resnet':
            self.backbone = torchvision.models.resnet101(pretrained=pretrained)
            low_level_channels = 256
            # 通常是 ResNet 的第一层输出通道数
            high_level_channels = 2048
            # 通常是 ResNet 的最后一层输出通道数

        # 修改骨干网络，移除最后的全连接层和平均池化层
        self.backbone = nn.Sequential(*list(self.backbone.children())[:-2])

        # ASPP 模块
        self.aspp = ASPP(high_level_channels, [12, 24, 36])

        # 解码器
        self.decoder = Decoder(num_classes, low_level_channels, 256)
```

```
        # 最终的分类层
        self.final_conv = nn.Conv2d(256, num_classes, 1)

    def forward(self, x):
        # 提取低级特征和高级特征
        low_level_feat = self.backbone[:4](x)
        high_level_feat = self.backbone[4:](x)

        # 通过 ASPP 模块处理高级特征
        high_level_feat = self.aspp(high_level_feat)

        # 通过解码器融合低级特征和处理过的高级特征
        x = self.decoder(low_level_feat, high_level_feat)

        # 通过最终的分类层得到输出
        x = self.final_conv(x)
        return x
```

DeepLabV3Plus 是主模型类，定义了整个网络的结构。self.backbone 定义了骨干网络，这里使用了预训练的 ResNet-101，也可以根据需要更换为其他网络。self.aspp 是之前定义的 ASPP 模块，用于提取多尺度特征。self.decoder 是解码器，用于融合低级特征和高级特征。self.final_conv 是最终的分类层，用于生成最终的分割结果。

forward 方法定义了数据通过网络的流向：首先从骨干网络中提取低级特征和高级特征，然后利用 ASPP 模块处理高级特征，之后再将处理过的高级特征与低级特征在解码器中融合，并通过最终的分类层输出。

4.4 SegNet 图像分割网络[①]

SegNet 是一种用于图像分割的深度全卷积神经网络，由剑桥大学团队于 2015 年提出。SegNet 的特点是，使用池化索引进行上采样。这样可以保留边界信息，减少参数数量，提高分割精度。SegNet 适用于场景理解和自动驾驶等方面，在内存和计算时间方面都是高效的。

4.4.1 SegNet 的网络结构和原理

SegNet 的网络结构由一个编码器网络和一个解码器网络组成，每个网络包含 13 个卷积层。编码器网络与 VGG16 中的卷积层拓扑结构相同，但去掉了全连接层。解码器网络与编码器网络对称，每个解码器对应一个编码器。编码器网络用于从图像中提取高阶语义信息，解码器网络用于将这些信息映射到像素级别的语义类别上。

编码器网络由卷积层、池化层和批量归一化层组成。卷积层使用 3×3 的卷积核，步长为 1，填充为 1，这可以保持特征图的大小不变。池化层使用 2×2 的非重叠最大池化，同时记录每个池化后的特征点来源于之前的 2×2 区域的哪个位置，这些信息被称为池化索引，用于解码器的上采样。批量归一化层用于加速训练过程，提高模型的稳定性和收敛性。

解码器网络由上采样层、卷积层和批量归一化层组成，用于将低分辨率的特征图恢复到输入分辨率的图像，并进行像素级的分类。上采样

① BADRINARAYANAN V，KENDALL A，CIPOLLA R. Segnet: a deep convolutional encoder-decoder architecture for image segmentation[J]. IEEE transactions on pattern analysis and machine intelligence，2017，39（12）：2481–2495.

层使用池化索引来确定上采样后的 2×2 区域中的哪个位置被原特征点填充，其他位置为空。这样做的好处是可以保留边界信息，减少参数数量，提高分割精度。卷积层用于对上采样后的稀疏特征图进行平滑和完善，恢复物体的几何形状。批量归一化层与编码器网络中的相同，用于加速训练过程，提高模型的稳定性和收敛性。

SegNet 的最后一层是一个逐像素的 softmax 分类层，用于将每个像素分配到一个特定的类别。SegNet 的损失函数是交叉熵损失函数，用于衡量预测的类别分布与真实的类别分布之间的差异。SegNet 的训练过程是端到端的，即从输入图像到输出分割图，不需要额外的数据或后处理技术。

4.4.2　SegNet 与其他图像分割网络的比较

SegNet 与其他图像分割网络的比较如表 4–2 所示，其中参数数量、内存占用和分割性能是三个重要的指标。参数数量反映了模型的复杂度和泛化能力，内存占用反映了模型的运行效率和可部署性，分割性能反映了模型的准确度和鲁棒性。SegNet 的参数数量和内存占用都比其他网络少很多，但分割性能并不差。SegNet 的优点是，可以使用 SGD 进行端到端的训练，不需要额外的数据或后处理技术。SegNet 的缺点是，没有考虑像素之间的关系，可能导致一些细节的丢失或错误。

表4–2　SegNet与其他图像分割网络的比较

网络	参数数量 /M	内存占用 /MB	分割性能 /%
FCN-32	134.5	745.8	57.4
FCN-16	134.8	745.8	59.4
FCN-8	134.8	745.8	60.4
DeconvNet	143.4	1258.4	64.3
SegNet	29.5	286.0	59.1

4.4.3 SegNet 的设计思路

在 SegNet 模型的实现上，通常基于预训练的 VGG 网络的前几层定义 SegNet 的编码器。编码器包括多个卷积层和最大池化层，用于捕捉图像的特征，其代码示例如下。

```
import torch
import torch.nn as nn
import torch.nn.functional as F

class Encoder(nn.Module):
    def __init__(self):
        super(Encoder, self).__init__()

        # 基于 VGG 网络的编码器结构
        # 第一阶段
        self.conv1_1 = nn.Conv2d(3, 64, kernel_size=3, padding=1)
        self.conv1_2 = nn.Conv2d(64, 64, kernel_size=3, padding=1)
        self.pool1 = nn.MaxPool2d(2, 2, return_indices=True)

        # 第二阶段
        self.conv2_1 = nn.Conv2d(64, 128, kernel_size=3, padding=1)
        self.conv2_2 = nn.Conv2d(128, 128, kernel_size=3, padding=1)
        self.pool2 = nn.MaxPool2d(2, 2, return_indices=True)

        # 第三阶段
        self.conv3_1 = nn.Conv2d(128, 256, kernel_size=3, padding=1)
        self.conv3_2 = nn.Conv2d(256, 256, kernel_size=3, padding=1)
        self.conv3_3 = nn.Conv2d(256, 256, kernel_size=3, padding=1)
        self.pool3 = nn.MaxPool2d(2, 2, return_indices=True)

        # 第四阶段
        self.conv4_1 = nn.Conv2d(256, 512, kernel_size=3, padding=1)
        self.conv4_2 = nn.Conv2d(512, 512, kernel_size=3, padding=1)
        self.conv4_3 = nn.Conv2d(512, 512, kernel_size=3, padding=1)
        self.pool4 = nn.MaxPool2d(2, 2, return_indices=True)
```

```
        # 第五阶段
        self.conv5_1 = nn.Conv2d(512, 512, kernel_size=3, padding=1)
        self.conv5_2 = nn.Conv2d(512, 512, kernel_size=3, padding=1)
        self.conv5_3 = nn.Conv2d(512, 512, kernel_size=3, padding=1)
        self.pool5 = nn.MaxPool2d(2, 2, return_indices=True)

    def forward(self, x):
        # 逐阶段通过卷积层和池化层
        x, idx1 = self.pool1(F.relu(self.conv1_2(F.relu(self.conv1_1(x)))))
        x, idx2 = self.pool2(F.relu(self.conv2_2(F.relu(self.conv2_1(x)))))
        x, idx3 = self.pool3(F.relu(self.conv3_3(F.relu(self.conv3_2(F.relu(self.
conv3_1(x)))))))
        x, idx4 = self.pool4(F.relu(self.conv4_3(F.relu(self.conv4_2(F.relu(self.
conv4_1(x)))))))
        x, idx5 = self.pool5(F.relu(self.conv5_3(F.relu(self.conv5_2(F.relu(self.
conv5_1(x)))))))

        return x, idx1, idx2, idx3, idx4, idx5
```

这段代码定义了 Encoder 类，这是 SegNet 中的编码器部分，其基于 VGG 网络结构。编码器包含多个卷积层和最大池化层，每个池化层通过 return_indices=True 保存了池化操作中的最大值位置，这对于后续的解码器进行上采样是必要的。每个卷积层后使用 ReLU 函数。这里的编码器包含五个阶段，每个阶段包括两个或三个卷积层和一个最大池化层。在前向传播方法 forward 中，输入图像依次通过这些阶段，每个池化层的输出索引被保存以用于后续的上采样过程。

接下来是 SegNet 模型中解码器的代码实现。

```
class Decoder(nn.Module):
    def __init__(self):
        super(Decoder, self).__init__()
```

```
        # 解码器结构与编码器结构对称

        # 第五阶段的解码部分
        self.unpool5 = nn.MaxUnpool2d(2, 2)
        self.deconv5_3 = nn.Conv2d(512, 512, kernel_size=3, padding=1)
        self.deconv5_2 = nn.Conv2d(512, 512, kernel_size=3, padding=1)
        self.deconv5_1 = nn.Conv2d(512, 512, kernel_size=3, padding=1)

        # 第四阶段的解码部分
        self.unpool4 = nn.MaxUnpool2d(2, 2)
        self.deconv4_3 = nn.Conv2d(512, 512, kernel_size=3, padding=1)
        self.deconv4_2 = nn.Conv2d(512, 512, kernel_size=3, padding=1)
        self.deconv4_1 = nn.Conv2d(512, 256, kernel_size=3, padding=1)

        # 第三阶段的解码部分
        self.unpool3 = nn.MaxUnpool2d(2, 2)
        self.deconv3_3 = nn.Conv2d(256, 256, kernel_size=3, padding=1)
        self.deconv3_2 = nn.Conv2d(256, 256, kernel_size=3, padding=1)
        self.deconv3_1 = nn.Conv2d(256, 128, kernel_size=3, padding=1)

        # 第二阶段的解码部分
        self.unpool2 = nn.MaxUnpool2d(2, 2)
        self.deconv2_2 = nn.Conv2d(128, 128, kernel_size=3, padding=1)
        self.deconv2_1 = nn.Conv2d(128, 64, kernel_size=3, padding=1)

        # 第一阶段的解码部分
        self.unpool1 = nn.MaxUnpool2d(2, 2)
        self.deconv1_2 = nn.Conv2d(64, 64, kernel_size=3, padding=1)
        self.deconv1_1 = nn.Conv2d(64, 3, kernel_size=3, padding=1)

    def forward(self, x, idx1, idx2, idx3, idx4, idx5):
        # 逆序执行解码过程
        x = self.unpool5(x, idx5)
        x = F.relu(self.deconv5_3(x))
        x = F.relu(self.deconv5_2(x))
        x = F.relu(self.deconv5_1(x))
```

```
x = self.unpool4(x, idx4)
x = F.relu(self.deconv4_3(x))
x = F.relu(self.deconv4_2(x))
x = F.relu(self.deconv4_1(x))

x = self.unpool3(x, idx3)
x = F.relu(self.deconv3_3(x))
x = F.relu(self.deconv3_2(x))
x = F.relu(self.deconv3_1(x))

x = self.unpool2(x, idx2)
x = F.relu(self.deconv2_2(x))
x = F.relu(self.deconv2_1(x))

x = self.unpool1(x, idx1)
x = F.relu(self.deconv1_2(x))
x = F.relu(self.deconv1_1(x))

return x
```

这部分代码定义了解码器，其结构与编码器结构对称。解码器的每个阶段包括一个上采样层（nn.MaxUnpool2d）和多个卷积层。在前向传播方法 forward 中，解码器接收来自编码器的特征图和池化索引，依次经过上采样和卷积操作，以进行图像的详细像素级分割。

解码器的上采样层使用编码器池化层的索引来准确地将特征图放大到正确的位置，这是 SegNet 的一个特点。解码器的输出是与输入图像尺寸相同的高分辨率特征图，可以进一步用于像素级分类或其他图像分割任务。

将编码器和解码器组合成完整的 SegNet 模型还需要构建一个类，该类的构造函数用于初始化编码器和解码器，前向传播方法 forward 用于定义数据通过网络的路径。代码示例如下。

```
class SegNet(nn.Module):
    def __init__(self):
        super(SegNet, self).__init__()

        # 初始化编码器和解码器
        self.encoder = Encoder()
        self.decoder = Decoder()

    def forward(self, x):
        # 通过编码器
        x, idx1, idx2, idx3, idx4, idx5 = self.encoder(x)

        # 通过解码器
        x = self.decoder(x, idx1, idx2, idx3, idx4, idx5)

        return x

# 实例化 SegNet 模型
segnet = SegNet()
```

在这段代码中，SegNet 类继承自 nn.Module。在其构造函数中初始化编码器和解码器。在 forward 方法中，输入数据通过编码器，解码器接收编码器的输出和池化层的索引，输出最终的分割结果。这种设计方式允许 SegNet 处理输入图像，先通过编码器提取特征，然后通过解码器重建这些特征以得到像素级的图像分割。

4.5　ResUNet-a 图像分割网络[①]

ResUNet-a 是一种基于深度残差网络和 U-Net 架构的图像分割模型，主要用于遥感图像的分割。ResUNet-a 在原始的 U-Net 的基础上，引入了残差模块、空洞卷积、注意力机制等技术，提高了分割的精度和鲁棒性，在多个遥感图像分割数据集上取得了优异的效果。

4.5.1　ResUNet-a 网络结构

ResUNet-a 的网络结构可以分为编码器和解码器两部分。编码器用于提取图像的高层语义特征，解码器用于恢复图像的细节信息，并输出分割结果，它们共同构成了网络的骨架。

编码器由四个残差模块组成，每个残差模块包含两个残差单元。残差单元由两个卷积层和一个跳跃连接组成。卷积层使用步长为 2 的空洞卷积，可以增加感受野，同时保持特征图的尺寸不变。跳跃连接使用恒等映射，可以避免梯度消失，加速收敛。编码器的输入是一个 3 通道的 RGB 图像，经过第一个残差模块后，输出的特征图的通道数变为 64，尺寸不变。然后，每经过一个残差模块，输出的特征图的通道数翻倍，尺寸减半，直到最后一个残差模块，输出的特征图的通道数为 512，尺寸为原图的 1/16。编码器的输出是一个高层语义特征图，包含了图像的全局信息，但是细节信息丢失较多。

解码器由四个上采样模块组成，每个上采样模块包含一个上采样层

① DIAKOGIANNIS F I，WALDNER F，CACCETTA P，et al. ResUNet-a: a deep learning framework for semantic segmentation of remotely sensed data[J]. ISPRS journal of photogrammetry and remote sensing，2020，162：94–114.

和一个注意力模块。上采样层使用双线性插值，将特征图的尺寸放大两倍。注意力模块由一个通道注意力模块和一个空间注意力模块组成。通道注意力模块使用全局平均池化和全连接层，计算每个通道的权重，实现通道间的特征融合。空间注意力模块使用卷积层和 sigmoid 激活函数，计算每个像素的权重，实现空间上的特征选择。注意力模块的作用是增强编码器和解码器之间的特征对应关系，提高分割的准确性。解码器的输入是编码器的最后一个残差模块的输出，经过第一个上采样模块后，输出的特征图的通道数变为 256，尺寸变为原图的 1/8。然后，每经过一个上采样模块，输出的特征图的通道数减半，尺寸翻倍，直到最后一个上采样模块，输出的特征图的通道数为 64，尺寸与原图尺寸一致。解码器的输出是一个分割结果，包含了图像的细节信息，但是全局信息不足。

在 ResUNet-a 网络结构中，编码器和解码器通过特征融合紧密相连。编码器提取的高级特征在解码器中被逐步细化和恢复，以生成与原始图像尺寸相匹配的详细分割图。这种特征恢复流程是 ResUNet-a 设计的核心，它保证了网络在捕获图像的全局信息的同时，精准地定位和分割目标区域。编码器通过残差单元的结构实现了深层特征的有效提取，而解码器通过上采样和注意力机制恢复了图像的空间细节。

编码器中的残差单元通过引入跳跃连接有效解决了深层网络中的梯度消失问题，这对于深度学习模型的训练至关重要。解码器中的注意力模块引入了一种新的特征选择机制，使网络能够聚焦于图像中的重要区域，提高了分割的精确度和鲁棒性。这种结合了全局和局部信息的方法，使 ResUNet-a 在多种复杂的图像环境中都有出色的表现。

ResUNet-a 在处理大尺寸图像时表现出良好的性能。编码器通过逐层提取特征，减少了对内存的需求，而解码器在恢复图像细节时保持了高效率。

4.5.2　实验结果

ResUNet-a 在 4 个遥感图像分割数据集上进行了实验①，这 4 个数据集分别是 DeepGlobe、ISPRS Potsdam、ISPRS Vaihingen 和 Brazilian Cerrado。这些数据集涵盖了不同的地理区域、分辨率、类别等，具有一定的代表性。实验结果如表 4–3 所示，从中可以看出，ResUNet-a 在所有的数据集上都取得了最高的平均 IoU 和 F1 分数，证明了其在遥感图像分割任务中的有效性和优越性。

表4–3　ResUNet-a在遥感图像分割数据集上的实验结果

数据集	平均 IoU	F1 分数
DeepGlobe	0.687	0.804
ISPRS Potsdam	0.904	0.947
ISPRS Vaihingen	0.899	0.943
Brazilian Cerrado	0.831	0.908

4.5.3　ResUNet-a 的设计思路

构建 ResNet-a 的基础是定义基本的残差块，具体代码实现如下。

```
import torch
import torch.nn as nn
import torch.nn.functional as F
```

① DEMIR I，KOPERSKI K，LINDENBAUM D，et al. Deepglobe 2018: a challenge to parse the earth through satellite images[EB/OL].（2018–12–16）[2024–03–22].https://ieeexplore.ieee.org/document/8575485.

```
class BasicResidualBlock(nn.Module):
    def __init__(self, in_channels, out_channels, stride=1, downsample=None):
        super(BasicResidualBlock, self).__init__()
        self.conv1 = nn.Conv2d(in_channels, out_channels, kernel_size=3, stride=stride,
padding=1, bias=False)
        self.bn1 = nn.BatchNorm2d(out_channels)
        self.relu = nn.ReLU(inplace=True)
        self.conv2 = nn.Conv2d(out_channels, out_channels, kernel_size=3, padding=1,
bias=False)
        self.bn2 = nn.BatchNorm2d(out_channels)
        self.downsample = downsample

    def forward(self, x):
        residual = x

        out = self.conv1(x)
        out = self.bn1(out)
        out = self.relu(out)

        out = self.conv2(out)
        out = self.bn2(out)

        if self.downsample is not None:
            residual = self.downsample(x)

        out += residual
        out = self.relu(out)

        return out
```

这段代码定义了 BasicResidualBlock 类，它是构建 ResUNet-a 网络的基础残差块。这个残差块包含两个卷积层（self.conv1 和 self.conv2），每个卷积层后跟着一个批量归一化层（self.bn1 和 self.bn2），ReLU 函数在每个批量归一化之后使用。如果提供 downsample 参数，该模块还支持下采样操作，以匹配输入和输出的维度。残差连接通过简单的加法操作完成。

编码器包括多个残差块和下采样操作。以下是 ResUNet-a 图像分割网络模型中编码器部分的代码实现。

```
class Encoder(nn.Module):
    def __init__(self):
        super(Encoder, self).__init__()

        # 初始卷积层
        self.initial_conv = nn.Conv2d(3, 64, kernel_size=7, stride=2, padding=3, 
bias=False)
        self.initial_bn = nn.BatchNorm2d(64)
        self.initial_relu = nn.ReLU(inplace=True)
        self.initial_pool = nn.MaxPool2d(kernel_size=3, stride=2, padding=1)

        # 编码器的残差块
        self.residual_block1 = BasicResidualBlock(64, 64)
        self.residual_block2 = BasicResidualBlock(64, 128, stride=2, downsample=nn.
Sequential(
            nn.Conv2d(64, 128, kernel_size=1, stride=2, bias=False),
            nn.BatchNorm2d(128)))
        self.residual_block3 = BasicResidualBlock(128, 256, stride=2, downsample=nn.
Sequential(
            nn.Conv2d(128, 256, kernel_size=1, stride=2, bias=False),
            nn.BatchNorm2d(256)))
        self.residual_block4 = BasicResidualBlock(256, 512, stride=2, downsample=nn.
Sequential(
            nn.Conv2d(256, 512, kernel_size=1, stride=2, bias=False),
            nn.BatchNorm2d(512)))

    def forward(self, x):
        # 初始卷积、批量归一化和 ReLU 激活
        x = self.initial_conv(x)
        x = self.initial_bn(x)
        x = self.initial_relu(x)
        x = self.initial_pool(x)
        # 通过残差块
        x = self.residual_block1(x)
```

```
        x = self.residual_block2(x)
        x = self.residual_block3(x)
        x = self.residual_block4(x)

        return x
```

这部分代码首先定义了一个初始卷积层，其后跟着批量归一化、ReLU 函数以及一个最大池化层，以减少输入图像的维度。随后定义了一系列残差块，每个残差块都是使用 BasicResidualBlock 定义的。这些残差块逐步增加通道数并减少空间维度（高度和宽度），这是通过在部分残差块中引入步长为 2 的卷积和相应的下采样实现的。这些操作使编码器能够逐渐提取更高层次的特征，同时减小特征图的空间尺寸。

解码器包括上采样操作和卷积层，代码如下。

```
class Decoder(nn.Module):
    def __init__(self):
        super(Decoder, self).__init__()

        # 解码器的上采样和卷积层
        self.upconv4 = nn.ConvTranspose2d(512, 256, kernel_size=2, stride=2)
        self.decoder_block4 = BasicResidualBlock(256, 256)
        self.upconv3 = nn.ConvTranspose2d(256, 128, kernel_size=2, stride=2)
        self.decoder_block3 = BasicResidualBlock(128, 128)
        self.upconv2 = nn.ConvTranspose2d(128, 64, kernel_size=2, stride=2)
        self.decoder_block2 = BasicResidualBlock(64, 64)
        self.upconv1 = nn.ConvTranspose2d(64, 64, kernel_size=2, stride=2)
        self.decoder_block1 = BasicResidualBlock(64, 64)

    def forward(self, x):
        # 逐级上采样和残差块处理
        x = self.upconv4(x)
        x = self.decoder_block4(x)
        x = self.upconv3(x)
        x = self.decoder_block3(x)
```

```
        x = self.upconv2(x)
        x = self.decoder_block2(x)
        x = self.upconv1(x)
        x = self.decoder_block1(x)

        return x
```

解码器包含了 4 个上采样层和相应的残差块，每个上采样层使用 nn.ConvTranspose2d 实现，用于逐步增加特征图的空间维度（高度和宽度），同时减少通道数。每个上采样操作后，残差块 BasicResidualBlock 则进一步处理特征。

在解码器的前向传播 forward 方法中，输入特征图依次通过上采样层和残差块，逐步恢复到接近原始图像的空间尺寸。通过这种方式，解码器能够结合来自编码器的高层特征信息，重建详细的像素级图像分割结果。

桥接连接是连接编码器和解码器的中间部分，通常包含几个残差块。其代码实现如下。

```
class Bridge(nn.Module):
    def __init__(self):
        super(Bridge, self).__init__()

        # 桥接连接的残差块
        self.bridge_block1 = BasicResidualBlock(512, 512)
        self.bridge_block2 = BasicResidualBlock(512, 512)

    def forward(self, x):
        # 通过桥接连接的残差块
        x = self.bridge_block1(x)
        x = self.bridge_block2(x)
        return x
```

Bridge 类继承自 nn.Module。桥接连接包含两个 BasicResidualBlock

残差块，每个块的输入和输出通道数都是 512。这些残差块的作用是进一步加强编码器的最深层特征，为解码器提供强有力的特征信息。

在 Bridge 的前向传播 forward 方法中，输入特征图依次通过两个残差块被处理。这个桥接部分是连接编码器和解码器的关键部分，它确保了在特征图上采样前，特征已经被充分提取和加强。

ResUNet-a 主模型定义将编码器、桥接连接和解码器组合成完整的 ResUNet-a 模型。主模型定义的代码实现如下。

```
class ResUNet_a(nn.Module):
    def __init__(self):
        super(ResUNet_a, self).__init__()

        # 初始化编码器、桥接连接和解码器
        self.encoder = Encoder()
        self.bridge = Bridge()
        self.decoder = Decoder()

        # 输出层
        self.output_conv = nn.Conv2d(64, 1, kernel_size=1)

# 假设是二分类问题

    def forward(self, x):
        # 通过编码器
        x = self.encoder(x)
        # 通过桥接连接
        x = self.bridge(x)

        # 通过解码器
        x = self.decoder(x)

        # 通过输出层
        x = self.output_conv(x)

        return x
```

```
# 实例化 ResUNet-a 模型
resunet_a = ResUNet_a()
```

ResUNet_a 类继承自 nn.Module。其在构造函数中初始化了编码器、桥接连接和解码器。此外，该类中定义了一个输出卷积层 self.output_conv，用于将解码器的输出转换为所需的分割图。

在 ResUNet_a 的前向传播 forward 方法中，输入数据首先通过编码器，然后被传递到桥接连接，再通过解码器，最后通过输出卷积层产生最终的分割结果。

主模型的定义将前面定义的所有组件组合起来，形成完整的 ResUNet-a 网络，用于进行图像分割任务。这种设计使网络能够有效地结合深层特征（编码器和桥接连接）和上采样过程（解码器），以生成精确的分割图。

4.6　Mask R-CNN 实例分割网络[①]

Mask R-CNN 用于实现图像的实例分割，它由脸书人工智能研究院（Facebook AI Research, FAIR）团队在 2017 年提出。实例分割是计算机视觉领域中的一个具有挑战性的任务，它不仅需要识别图像中的对象（目标检测），还要为每个对象生成一个高精度的像素级掩码（像素级分割）。

Mask R-CNN 在 Faster R-CNN 模型的基础上扩展而来。Faster R-CNN

① HE K，GKIOXARI G，DOLLÁR P，et al. Mask R-CNN[EB/OL].（2017-12-25）[2024-03-22].https://ieeexplore.ieee.org/document/8237584.

是一个流行的目标检测网络，能够识别图像中的对象并给出它们的边界框。Mask R-CNN 在 Faster R-CNN 的基础上增加了一个分支，用于生成对象的分割掩码。这使模型能够同时进行目标检测和像素级分割。

4.6.1 网络结构

Mask R-CNN 的基础网络架构可以分为以下几个部分。

1. 特征提取网络

Mask R-CNN 使用一个 CNN 作为特征提取网络，从输入图像中提取特征图。特征提取网络可以是任何预训练的 CNN，例如 ResNet、ResNeXt、MobileNet 等。Mask R-CNN 还可以使用特征金字塔网络（feature pyramid networks, FPN）来增强特征提取网络的多尺度能力，即在不同的层级上提取不同大小的特征图，从而适应不同大小的对象。

2. 区域建议网络

Mask R-CNN 使用一个区域建议网络（region proposal network, RPN）从特征图中生成候选的目标区域，即感兴趣区域（region of interest, RoI）。RPN 是一种 FCN，它对特征图的每个位置使用一组固定大小和比例的锚框（anchor box），并预测每个锚框的目标概率和边界框回归。RPN 使用非极大值抑制（non-maximum suppression, NMS）筛选出一定数量的高质量的 RoI，作为后续处理的输入。

3. RoIAlign 层

Mask R-CNN 使用一个 RoIAlign 层来对每个 RoI 进行特征对齐和提取。使用 RoIAlign 层是为了解决 RoIPool 层的量化误差问题，因为 RoIPool 层在将 RoI 映射到特征图上时，会对坐标进行取整操作，导致特征图和原始图像的像素不对齐，从而影响检测和分割的精度。RoIAlign 层通过使用双线性插值保留小数部分，从而实现像素级的对齐。RoIAlign 层将每个 RoI 映射到一个固定大小的特征图，作为后续分支的输入。

4. 分类和回归分支

Mask R-CNN 使用一个分类和回归分支对每个 RoI 进行目标分类和边界框回归。分类和回归分支是一种 FCN，它对每个 RoI 的特征图进行平均池化，然后使用两个全连接层来预测每个 RoI 的类别标签和边界框偏移量。分类和回归分支使用交叉熵损失和平滑 L1 损失来优化分类和回归任务。

5. 掩码分支

Mask R-CNN 使用一个掩码分支来对每个 RoI 生成目标的分割掩码。掩码分支是 1 种 FCN，它包括 4 个卷积层和 1 个转置卷积层，使用其中 1 个卷积层来预测每个 RoI 的掩码。掩码分支使用二值交叉熵损失（binary cross-entropy loss, BCE Loss）来优化分割任务。掩码分支的特点是它会为每个类别生成掩码，且不只生成 1 个掩码，这样可以避免类别之间的竞争，也可以解耦掩码和预测类别。

4.6.2　Mask R-CNN 的设计思路

Mask R-CNN 的结构比较复杂，这一点也表现在程序实现上。

Mask R-CNN 的基础模块包括构建模型所需的基础卷积层、激活函数等组件，以下是这些基础模块的实现代码。

```
import torch
import torch.nn as nn
import torch.nn.functional as F

class Conv2d(nn.Module):
    """
    标准卷积层
    包含卷积操作、批量归一化和 ReLU 激活函数
    """
```

```
    def __init__(self, in_channels, out_channels, kernel_size, stride=1, padding=0):
        super(Conv2d, self).__init__()
        self.conv = nn.Conv2d(in_channels, out_channels, kernel_size, stride, padding, bias=False)
        self.bn = nn.BatchNorm2d(out_channels)
        self.relu = nn.ReLU(inplace=True)

    def forward(self, x):
        x = self.conv(x)
        x = self.bn(x)
        return self.relu(x)

class ConvTranspose2d(nn.Module):
    """
    转置卷积层
    用于上采样（尺寸增加），包含转置卷积、批量归一化和 ReLU 激活函数
    """
    def __init__(self, in_channels, out_channels, kernel_size, stride=2, padding=0, output_padding=0):
        super(ConvTranspose2d, self).__init__()
        self.conv = nn.ConvTranspose2d(in_channels, out_channels, kernel_size, stride, padding, output_padding, bias=False)
        self.bn = nn.BatchNorm2d(out_channels)
        self.relu = nn.ReLU(inplace=True)

    def forward(self, x):
        x = self.conv(x)
        x = self.bn(x)
        return self.relu(x)

class ResidualBlock(nn.Module):
    """
    残差块
    实现标准的残差连接
    """
    def __init__(self, in_channels, out_channels, stride=1):
        super(ResidualBlock, self).__init__()
```

```
        self.conv1 = Conv2d(in_channels, out_channels, 3, stride, 1)
        self.conv2 = Conv2d(out_channels, out_channels, 3, 1, 1)
        self.skip = nn.Sequential()
        if stride != 1 or in_channels != out_channels:
            self.skip = nn.Sequential(
                nn.Conv2d(in_channels, out_channels, 1, stride, bias=False),
                nn.BatchNorm2d(out_channels)
            )

    def forward(self, x):
        identity = self.skip(x)
        out = self.conv1(x)
        out = self.conv2(out)
        out += identity
        return F.relu(out)
```

Conv2d 类实现了标准的卷积层，包含卷积操作、批量归一化和 ReLU 激活函数。ConvTranspose2d 类实现了转置卷积层，通常用于上采样操作，包含转置卷积、批量归一化和 ReLU 激活函数。ResidualBlock 类实现了残差块，这是构建深度神经网络的重要组件，用于解决梯度消失问题，并有助于网络更深层次的学习。

在实现了这些基础模块之后，接下来可以继续实现特征提取、RPN 等其他部分。在 Mask R-CNN 中，backbone 用来从输入图像中提取有用的特征部分，通常使用预训练的网络如 ResNet 作为 backbone。以下是使用 ResNet 作为 backbone 的示例代码。

```
import torchvision.models as models

class ResNetBackbone(nn.Module):
    """
    使用 ResNet 作为 backbone
    """
    def __init__(self, backbone_name='resnet50', pretrained=True):
```

```
        super().__init__()
        # 加载预训练的 ResNet 模型
        if backbone_name == 'resnet50':
            self.model = models.resnet50(pretrained=pretrained)
        elif backbone_name == 'resnet101':
            self.model = models.resnet101(pretrained=pretrained)
        else:
            raise ValueError("Unsupported backbone")

        # 移除 ResNet 的平均池化层和全连接层
        self.features = nn.Sequential(*list(self.model.children())[:-2])

    def forward(self, x):
        # 提取特征
        x = self.features(x)
        return x
```

ResNetBackbone 类是一个模块，用于构建 backbone。它接受一个字符串参数来指定使用哪个版本的 ResNet（例如 ResNet50 或 ResNet101）。

该模块使用 torchvision.models 中的预训练模型 ResNet，可以通过 pretrained=True 加载预训练的权重。在该代码中，ResNet 的最后两层（平均池化层和全连接层）被移除，因为在 Mask R-CNN 中只需要特征提取部分。

此代码片段定义了 backbone，在实际应用中需要根据具体的任务和数据集来调整这部分代码，比如选择不同的预训练模型或对模型结构进行微调。

在 Mask R-CNN 中，RPN 用于生成图像中可能包含目标对象的区域。RPN 使用特征图来预测候选对象区域的边界框和对象得分。以下是 RPN 的实现代码。

```
class RPNHead(nn.Module):
    """
    区域提议网络（RPN）头部
    用于生成区域提议的网络头部
    """
    def __init__(self, in_channels, num_anchors):
        super(RPNHead, self).__init__()
        self.conv = nn.Conv2d(in_channels, in_channels, 3, padding=1)
        self.cls_logits = nn.Conv2d(in_channels, num_anchors * 2, 1)  # 用于分类的卷积层
        self.bbox_pred = nn.Conv2d(in_channels, num_anchors * 4, 1)  # 用于回归的卷积层

    def forward(self, x):
        x = F.relu(self.conv(x))
        logits = self.cls_logits(x)
        bbox_reg = self.bbox_pred(x)
        return logits, bbox_reg

class RegionProposalNetwork(nn.Module):
    """
    区域提议网络（RPN）
    用于生成对象候选区域的网络
    """
    def __init__(self, in_channels, anchor_generator):
        super(RegionProposalNetwork, self).__init__()
        self.anchor_generator = anchor_generator
        self.head = RPNHead(in_channels, self.anchor_generator.num_anchors_per_location())

    def forward(self, features):
        # 生成锚点
        anchors = self.anchor_generator(features)

        # 对每个特征图进行处理
        objectness = []
```

```
    pred_bbox_deltas = []
    for feature in features:
        logits, bbox_reg = self.head(feature)
        objectness.append(logits)
        pred_bbox_deltas.append(bbox_reg)

    return anchors, objectness, pred_bbox_deltas
```

RPNHead 是 RPN 的头部，包含一个卷积层和两个输出层：一个用于分类（区分前景和背景），另一个用于回归（预测边界框）。

RegionProposalNetwork 是 RPN 的主体。它首先使用一个锚点生成器生成一系列锚点（预设的边界框），然后将特征图传递给 RPN 的头部进行处理。

这部分代码实现了 RPN 的核心功能，即从特征图中生成一系列区域提议。需要注意的是，这里的代码仅展示了 RPN 的基本结构，实际应用中还需要进一步实现锚点生成器、非极大值抑制等操作，以及与后续步骤 [如感兴趣区域池化（region of interest pooling, RoI pooling）] 的集成。

RoI 对齐（region of interest alignment）可以从特征图中精确地提取出与候选区域（由 RPN 生成）对应的特征。与 RoI pooling 相比，RoI 对齐使用双线性插值来避免量化误差，从而提高精度。以下是 RoI 对齐操作的实现代码。

```
import torch
import torchvision.ops.roi_align

class RoIAlign(nn.Module):
    """
    RoI 对齐模块
    从特征图中精确地提取出与候选区域对应的特征
    """
    def __init__(self, output_size, spatial_scale, sampling_ratio):
```

```
        super(RoIAlign, self).__init__()
        self.output_size = output_size
        self.spatial_scale = spatial_scale
        self.sampling_ratio = sampling_ratio

    def forward(self, features, proposals):
        """
        :param features: 特征图
        :param proposals: 候选区域，格式为（批次索引，x1, y1, x2, y2）
        :return: 对齐后的 RoI 特征
        """
        # 对特征图进行 RoI 对齐操作
        return torchvision.ops.roi_align(features, proposals,
                                         output_size=self.output_size,
                                         spatial_scale=self.spatial_scale,
                                         sampling_ratio=self.sampling_ratio)
```

在这段代码中，RoIAlign 类实现了 RoI 对齐操作，它包含三个关键参数：output_size（输出特征的大小）、spatial_scale（特征图相对于原始图像的缩放比例）和 sampling_ratio（用于双线性插值的采样比例）。

forward 方法接收特征图（features）和一系列候选区域（proposals）。候选区域的格式是（批次索引，x1, y1, x2, y2），其中 x1、y1、x2、y2 是候选区域在原始图像中的坐标。

使用 torchvision.ops.roi_align 进行 RoI 对齐操作，该函数可以处理不同大小的候选区域，并将它们转换成统一大小的输出特征。

RoI 对齐允许模型更准确地处理不同大小和形状的候选区域，从而提高模型在实例分割任务中的性能。

分类与边界框回归任务负责对每个 RoI 提出的候选区域进行分类，并精调其边界框。这个头部通常包括几个全连接层，用于从 RoI 对齐层提取的特征中学习如何进行这些任务。以下是该部分的实现代码。

```
class ClassifierHead(nn.Module):
    """
    分类与边界框回归
    对每个 RoI 提出的候选区域进行分类，并精调边界框
    """
    def __init__(self, in_channels, num_classes, pool_size, hidden_layer=1024):
        super(ClassifierHead, self).__init__()
        self.avgpool = nn.AdaptiveAvgPool2d(pool_size)
        self.fc1 = nn.Linear(in_channels * pool_size * pool_size, hidden_layer)
        self.fc2 = nn.Linear(hidden_layer, hidden_layer)
        self.classifier = nn.Linear(hidden_layer, num_classes)
        self.bbox_pred = nn.Linear(hidden_layer, num_classes * 4)  # 每个类别都有一
个边界框

        self.relu = nn.ReLU()

    def forward(self, x):
        x = self.avgpool(x)
        x = torch.flatten(x, 1)
        x = self.relu(self.fc1(x))
        x = self.relu(self.fc2(x))
        logits = self.classifier(x)
        bbox_deltas = self.bbox_pred(x)
        return logits, bbox_deltas
```

在这段代码中，ClassifierHead 类定义了分类与边界框回归任务。

avgpool 为自适应平均池化层，用于将 RoI 对齐后的特征图转换为固定大小的特征图。

fc1 和 fc2 是两个全连接层，用于从池化后的特征中提取信息。

classifier 是用于分类任务的全连接层，输出每个 RoI 的类别概率。

bbox_pred 是用于边界框回归的全连接层，输出每个 RoI 的边界框调整参数。

forward 方法接收 RoI 对齐后的特征图，并通过这些层进行分类和边界框回归。

掩码预测头（mask prediction head）负责生成每个候选区域的像素级分割掩码。其是实现实例分割的核心部分，用于为每个检测到的对象生成一个精确的掩码。以下是该部分的实现代码。

```
class MaskHead(nn.Module):
    """
    掩码预测头
    生成每个候选区域的分割掩码
    """
    def __init__(self, in_channels, hidden_layers, num_classes, pool_size):
        super(MaskHead, self).__init__()

        self.layers = nn.Sequential(
            nn.Conv2d(in_channels, hidden_layers, 3, padding=1),
            nn.ReLU(inplace=True),
            nn.Conv2d(hidden_layers, hidden_layers, 3, padding=1),
            nn.ReLU(inplace=True),
            nn.Conv2d(hidden_layers, hidden_layers, 3, padding=1),
            nn.ReLU(inplace=True),
            nn.Conv2d(hidden_layers, hidden_layers, 3, padding=1),
            nn.ReLU(inplace=True),
        )
        self.deconv = nn.ConvTranspose2d(hidden_layers, hidden_layers, 2, stride=2)
        self.relu = nn.ReLU(inplace=True)
        self.mask = nn.Conv2d(hidden_layers, num_classes, 1)

    def forward(self, x):
        x = self.layers(x)
        x = self.deconv(x)

        x = self.relu(x)
        return self.mask(x)
```

MaskHead 类定义了掩码预测头。

该类使用了多个卷积层和 ReLU 激活函数来提取特征。这些层可逐渐细化每个 RoI 的特征。

该类使用一个转置卷积层（deconv）来上采样特征，使其尺寸增大。

该类最后使用一个卷积（mask）来输出每个类别的掩码。

forward 方法接收 RoI 对齐后的特征图，并通过这些层生成每个 RoI 的掩码。

掩码预测头的作用是为每个检测到的对象生成像素级别的掩码，这段代码展示了 Mask R-CNN 模型中掩码预测头的基本结构，但在实际应用中，还需要进行进一步的调整和优化，以适应具体的数据集和任务需求。

在 Mask R-CNN 中，损失函数通常包括以下几个部分：分类损失、边界框回归损失、掩码损失，以及可能的其他损失（如锚点损失）。这些损失函数结合起来，可确保模型在不同任务中有效学习。优化器用于调整模型的权重以最小化这些损失。以下是损失函数和优化器的实现代码。

```
import torch.optim as optim
class MaskRCNNLoss(nn.Module):
    """
    Mask R-CNN 的损失函数
    结合分类损失、边界框回归损失和掩码损失
    """
    def __init__(self):
        super(MaskRCNNLoss, self).__init__()

    def forward(self, class_logits, box_regression, mask_pred, targets):
        # 计算分类损失
        classification_loss = F.cross_entropy(class_logits, targets['labels'])

        # 计算边界框回归损失
        N = box_regression.size(0)
        box_loss = F.smooth_l1_loss(box_regression, targets['boxes'], reduction='sum') / N
```

```
        # 计算掩码损失
            mask_loss = F.binary_cross_entropy_with_logits(mask_pred, targets
['masks'])
        total_loss = classification_loss + box_loss + mask_loss
        return total_loss

# 模型实例化
model = MaskRCNN(...)

# 优化器
optimizer = optim.Adam(model.parameters(), lr=0.001)
```

MaskRCNNLoss 类定义了 Mask R-CNN 的损失函数，结合了分类损失、边界框回归损失和掩码损失。

分类损失使用交叉熵损失函数（F.cross_entropy）。

边界框回归损失使用平滑 L1 损失（F.smooth_l1_loss）。

掩码损失使用二值交叉熵损失（F.binary_cross_entropy_with_logits）。

最后对这些损失求和以得到总损失。

该代码还实例化了模型 [MaskRCNN(...)] 和优化器。这里使用了 Adam 优化器，也可以根据具体需求选择不同的优化器。

这里的代码是一个简化的示例，在实际应用中需要对损失函数进行更详细的设计，以适应不同的数据集和任务需求，包括处理不平衡数据、添加正则化项等。

数据加载和预处理涉及从数据集中加载图像和标注数据，以及对这些数据进行转换和标准化处理。以下是实现数据加载和预处理的代码示例，其中包含了数据增强和基本的预处理步骤。

```
import torchvision.transforms as transforms
from torch.utils.data import DataLoader
from torchvision.datasets import CocoDetection
```

```
def get_transform(train):
    transforms_list = []
    # 数据增强部分，只在训练时应用
    if train:
        transforms_list.extend([
            transforms.RandomHorizontalFlip(0.5),
            # 可以添加更多的数据增强操作
        ])
    transforms_list.extend([
        transforms.ToTensor(),
        transforms.Normalize(mean=[0.485, 0.456, 0.406], std=[0.229, 0.224, 0.225]),
    ])
    return transforms.Compose(transforms_list)

class MaskRCNNDataset(CocoDetection):
    def __init__(self, root, annotation, transforms=None):
        super(MaskRCNNDataset, self).__init__(root, annotation, transforms=transforms)
    def __getitem__(self, idx):
        img, target = super(MaskRCNNDataset, self).__getitem__(idx)
        # 这里可以添加更多的预处理操作
        return img, target

# 实例化训练和验证数据集
train_dataset = MaskRCNNDataset('path/to/train/images', 'path/to/train/annotation', get_transform(train=True))
val_dataset = MaskRCNNDataset('path/to/val/images', 'path/to/val/annotation', get_transform(train=False))

# 数据加载器
train_loader = DataLoader(train_dataset, batch_size=4, shuffle=True, num_workers=4)
val_loader = DataLoader(val_dataset, batch_size=4, shuffle=False, num_workers=4)
```

get_transform 函数定义了数据转换操作。对于训练数据，它包括随机水平翻转等数据增强操作，以及标准的转换为张量和归一化操作。对于验证数据，通常只应用转换为张量和归一化操作。

MaskRCNNDataset 类继承自 CocoDetection，可以根据需要修改以适应不同的数据集格式。__getitem__ 方法负责加载单个数据项。

该代码还创建了用于训练和验证的数据集实例，并使用 DataLoader 进行批量加载和多线程处理。

第 5 章　图像分割模型结构与函数优化

5.1　自适应学习率调整策略在图像分割中的应用

5.1.1　自适应学习率综述

学习率是一个控制模型在每次迭代过程中更新权重幅度的参数。较大的学习率可能会导致模型在训练初期就跳过最优解，而较小的学习率可以使模型更稳定地达到最优解，但可能会使训练时间过长。因此，选择一个合适的学习率是非常重要的。

学习率的影响可以从损失函数的优化曲面来理解。损失函数的优化曲面是一个多维的曲面，每个维度对应一个模型参数。模型的目标是找到一个参数组合，使损失函数达到最小值，即全局最优点。学习率决定了在每次梯度下降时，模型参数沿着梯度方向移动的距离，也就是步长。如果学习率太小，步长太小，模型可能会陷入局部最优点，或者需要很多次迭代才能达到全局最优点。如果学习率太大，步长太大，模型可能会在全局最优点附近来回振荡，或者甚至跳过全局最优点，导致损失函数无法收敛。

用以下公式表示梯度下降的过程。

$$\theta_{t+1} = \theta_t - \alpha \nabla J(\theta_t) \tag{5-1}$$

式中：θ_t 表示第 t 次迭代时的模型参数；α 表示学习率；$J(\theta_t)$ 表示第 t 次迭代时的损失函数；$\nabla J(\theta_t)$ 表示第 t 次迭代时的损失函数的梯度。从式（5-1）中可以看出，学习率 α 决定了模型参数 θ_t 在每次迭代时的更新幅度。

学习率的选择也会影响模型的泛化能力，即模型在未见过的数据上的表现。较小的学习率会使模型收敛到一个平坦的区域，这样的区域对应的是较小的权重值，也就是较低的模型复杂度，从而有利于泛化。而较大的学习率会使模型收敛到一个陡峭的区域，这样的区域对应的是较大的权重值，也就是较高的模型复杂度，从而容易过拟合。不同的学习率会导致不同的收敛结果，从而影响泛化误差。

用以下公式表示模型的复杂度。

$$C(\theta)=\frac{1}{2}\sum_{i=1}^{n}\theta_i^2 \tag{5-2}$$

式中：θ表示模型的所有参数；n表示参数的个数；$C(\theta)$表示模型的复杂度。从式（5-2）中可以看出，模型的复杂度与参数的平方和成正比，即参数的值越大，模型的复杂度越高。

5.1.2 自适应学习率调整策略的分类

自适应学习率调整策略是指根据训练过程中的实际情况，动态地调整学习率的大小，以达到更好的优化效果。

1. 基于规则的自适应学习率调整策略

基于规则的自适应学习率调整策略是指根据一定的公式或者预设的条件，按照一定的频率或者时机，改变学习率的值。常见的基于规则的自适应学习率调整策略有固定学习率、分段常数学习率、指数衰减学习率、余弦退火学习率、循环学习率。

（1）固定学习率。即不对学习率进行任何调整，使用一个固定的值进行训练。这种策略简单易用，但是需要人工调节，且不够灵活。其值可表示为

$$\alpha_t=\alpha_0 \tag{5-3}$$

式中：α_t表示第t次迭代时的学习率；α_0表示初始的学习率。

（2）分段常数学习率。即将训练过程分为若干个阶段，每个阶段使用一个固定的学习率，当进入下一个阶段时，降低学习率的值。这种策略可以使模型在前期快速收敛，在后期稳定收敛，但是需要人工设定阶段划分和学习率变化。其值可表示为

$$\alpha_t = \alpha_i,\quad t_i \leqslant t < t_{i+1} \tag{5-4}$$

式中：α_t 表示第 t 次迭代时的学习率；α_i 表示第 i 个阶段的学习率；t_i 表示第 i 个阶段的起始迭代次数；t_{i+1} 表示第（i+1）个阶段的起始迭代次数。

（3）指数衰减学习率。即每隔一定的训练步数，将学习率乘以一个衰减因子，使学习率呈指数下降。这种策略可以使模型逐渐收敛到一个较优的解，但是需要人工设定衰减因子和衰减频率。其值可表示为

$$\alpha_t = \alpha_0 \gamma^{\lfloor t/k \rfloor} \tag{5-5}$$

式中：α_t 表示第 t 次迭代时的学习率；α_0 表示初始的学习率；γ 表示衰减因子；k 表示衰减频率；$\lfloor \cdot \rfloor$ 表示向下取整。

（4）余弦退火学习率。即将学习率的变化模拟为一个余弦函数，从一个较大的初始值开始，逐渐降低到一个较小的最终值。这种策略可以使模型在不同的学习率下进行探索和收敛，但是需要人工设定初始值和最终值。其值可表示为

$$\alpha_t = \frac{\alpha_{\min} + \alpha_{\max}}{2} + \frac{\alpha_{\max} - \alpha_{\min}}{2}\cos\left(\frac{\pi t}{T}\right) \tag{5-6}$$

式中：α_t 表示第 t 次迭代时的学习率；$\alpha_{\min}$ 表示最小的学习率；$\alpha_{\max}$ 表示最大的学习率；T 表示总的迭代次数。

（5）循环学习率。即将学习率的变化模拟为一个三角波，从一个最小值开始，逐渐增加到一个最大值，然后再逐渐减小到最小值，循环往复。这种策略可以使模型在不同的学习率下跳出局部最优，寻找全局最优，但是需要人工设定最小值和最大值。其值可表示为

$$\alpha_t = \alpha_{\min} + \frac{\alpha_{\max} - \alpha_{\min}}{2}\left(1 - \cos\left(\frac{2\pi t}{T}\right)\right) \tag{5-7}$$

式中：α_t表示第t次迭代时的学习率；$\alpha_{\min}$表示最小的学习率；$\alpha_{\max}$表示最大的学习率；T表示一个循环的迭代次数。

2. 基于梯度的自适应学习率调整策略

基于梯度的自适应学习率调整策略是一类优化算法，其根据参数的梯度历史信息动态地调整每个参数的学习率。这样可以有效地解决普通 SGD 算法中学习率过大或过小的问题，以及不同参数之间的学习率不平衡的问题。常见的基于梯度的自适应学习率调整策略有 AdaGrad、RMSprop、Adam 等。

（1）AdaGrad。AdaGrad 算法的核心思想是为每个参数维护一个累积的梯度平方和，然后用这个梯度平方和的平方根作为分母来调整学习率。更新频率较高的参数会有较小的学习率，而更新频率较低的参数会有较大的学习率。AdaGrad 算法的优点是可以自动适应不同参数的学习率，而不需要手动调节；缺点是累积的梯度平方和会越来越大，导致学习率越来越小，甚至接近零，从而使训练提前停止。其公式如下。

$$\theta_{t+1} = \theta_t - \frac{\alpha}{\sqrt{G_t + \varepsilon}} \odot g_t \tag{5-8}$$

式中：θ_t表示第t次迭代时的模型参数；α表示初始的学习率；G_t表示第t次迭代时的历史梯度累积；ε表示一个很小的常数，用于防止除零错误；$\odot$表示元素乘法；g_t表示第t次迭代时的梯度。G_t的计算公式为

$$G_t = \sum_{i=1}^{t} g_i^2 \tag{5-9}$$

（2）RMSprop。RMSprop 算法是对 AdaGrad 算法的改进，它引入了一个衰减率参数，用于控制历史梯度平方和的指数加权移动平均。这样可以避免梯度平方和无限增大，使其保持在一个合理的范围内。

RMSprop 算法的优点是可以有效地解决学习率过大或过小的问题，具备较好的收敛性和性能。这种算法可以使模型适应非平稳的目标函数，对于复杂的神经网络有良好的效果；缺点是需要手动设置衰减率参数，仍然存在不同参数之间的学习率不平衡的问题。其公式如下。

$$\theta_{t+1}=\theta_t-\frac{\alpha}{\sqrt{E[g_t^2]+\varepsilon}}\odot g_t \tag{5-10}$$

式中：θ_t 表示第 t 次迭代时的模型参数；α 表示初始的学习率；$E[g_t^2]$ 表示第 t 次迭代时的梯度平方和的指数加权移动平均；ε 表示一个很小的常数，用于防止除零错误；$\odot$ 表示元素乘法；g_t 表示第 t 次迭代时的梯度。$E[g_t^2]$ 的计算公式为

$$E[g_t^2]=\beta E[g_{t-1}^2]+(1-\beta)g_t^2 \tag{5-11}$$

式中：β 表示指数衰减因子。

（3）Adam。Adam 算法是结合了 momentum 算法和 RMSprop 算法的优点的一种算法，它既考虑了历史梯度的一阶矩（梯度的均值），也考虑了历史梯度的二阶矩（梯度的方差）。它还引入了偏差校正机制，用于消除一阶矩和二阶矩的偏差。Adam 算法的优点是可以自适应地调整每个参数的学习率，同时具有动量效果，能够加速收敛，并且适用于各种类型的问题；缺点是需要手动设置一些超参数，如衰减率、偏差校正系数等，以及可能存在一些潜在的缺陷，如过拟合、梯度消失等。其公式如下。

$$\theta_{t+1}=\theta_t-\frac{\alpha}{\sqrt{\hat{v}_t}+\varepsilon}\odot \hat{m}_t \tag{5-12}$$

式中：θ_t 表示第 t 次迭代时的模型参数；α 表示初始的学习率；$\hat{v}_t$ 表示第 t 次迭代时的梯度平方和的偏差校正后的指数加权移动平均；ε 表示一个很小的常数，用于防止除零错误；$\odot$ 表示元素乘法；$\hat{m}_t$ 表示第 t 次迭代时的梯度的偏差校正后的指数加权移动平均。$\hat{v}_t$ 和 $\hat{m}_t$ 的计算公式为

$$\hat{v}_t = \frac{v_t}{1-\beta_2^t} \tag{5-13}$$

$$\hat{m}_t = \frac{m_t}{1-\beta_1^t} \tag{5-14}$$

式中：v_t 表示第 t 次迭代时的梯度平方和的指数加权移动平均；m_t 表示第 t 次迭代时的梯度的指数加权移动平均；β_1 和 β_2 分别表示梯度和梯度平方和的指数衰减因子。v_t 和 m_t 的计算公式为

$$v_t = \beta_2 v_{t-1} + (1-\beta_2) g_t^2 \tag{5-15}$$

$$m_t = \beta_1 m_{t-1} + (1-\beta_1) g_t \tag{5-16}$$

式中：g_t 表示第 t 次迭代时的梯度。

3. 基于学习率衰减的自适应学习率调整策略

基于学习率衰减的自适应学习率调整策略根据一定的规则或策略动态地调整全局的学习率。这样可以有效地解决普通 SGD 算法中学习率固定不变的问题，以及在训练过程中学习率过大或过小的问题。常见的基于学习率衰减的自适应学习率调整策略有等间隔调整（Step）、按需调整学习率（MultiStep）、指数衰减调整（Exponential）和余弦退火（Cosine Annealing）等。

（1）Step 策略。Step 策略的核心思想是每隔一定的步数 [或者训练轮数（epoch）] 就将学习率乘以一个衰减因子，从而使学习率按照固定的间隔进行衰减。这样可以在训练初期保持较大的学习率，加快收敛速度，在训练后期保持较小的学习率，提高收敛精度。Step 策略的优点是简单易用，而缺点是需要手动设置衰减因子和衰减间隔，以及可能存在学习率衰减过快或过慢的问题。

（2）MultiStep 策略。MultiStep 策略是对 Step 策略的一种改进，它不是按照固定的间隔来衰减学习率，而是按照预设的一组间隔来衰减学习率。这样可以在训练过程中根据不同的阶段来调整学习率的衰减速度，

从而更灵活地适应不同的情况。MultiStep 策略的优点是可以根据实际需要来设置学习率的衰减点，而缺点是需要手动设置衰减因子和衰减点，以及可能存在学习率衰减过快或过慢的问题。

（3）Exponential 策略。Exponential 策略在每次迭代时都将学习率乘以一个衰减因子，从而使学习率呈指数下降。这样可以在训练过程中持续降低学习率，以适应目标函数的变化，并加速收敛。Exponential 策略的优点是可以动态地调整学习率的衰减速度，而缺点是需要手动设置衰减因子，以及可能存在学习率衰减过快或过慢的问题。

（4）Cosine Annealing 策略。Cosine Annealing 策略将学习率的变化模拟为一个余弦函数，从一个较大的初始值开始，逐渐降低到一个较小的最终值。这样可以在训练过程中模拟一个退火的过程，使学习率在不同的阶段有不同的变化，从而增强探索和收敛的能力。Cosine Annealing 策略的优点是可以有效地避免局部最优，寻找全局最优，而缺点是需要手动设置初始值和最终值，以及可能存在学习率变化过于剧烈的问题。

4. 基于反馈的自适应学习率调整策略

基于反馈的自适应学习率调整策略根据训练过程中的某些指标，如损失函数、准确率等，动态地调整全局的学习率。这样可以有效地解决普通 SGD 算法中学习率与训练效果无关的问题，以及在训练过程中学习率过大或过小的问题。常见的基于反馈的自适应学习率调整策略有自适应调整学习率（ReduceLROnPlateau）、自定义调整学习率（LambdaLR）等。

（1）ReduceLROnPlateau 策略。ReduceLROnPlateau 策略指当训练过程中的某个指标不再变化时，就将学习率乘以一个衰减因子，从而使学习率在训练平台期减小，以期跳出局部最优，寻找全局最优。这样可以在训练过程中根据实际的训练效果调整学习率，而不是根据固定的规则或策略进行训练。ReduceLROnPlateau 策略的优点是可以适应不同的训练情况，而缺点是需要手动设置衰减因子，以及可能存在学习率衰减过快或过慢的问题。

（2）LambdaLR 策略。LambdaLR 策略根据一个自定义的函数动态地调整学习率，这个函数可以根据任意的参数，如迭代次数、损失函数、准确率等，计算学习率的倍数。这样可以在训练过程中根据自己的需求调整学习率，而不受限于预设的规则或策略。LambdaLR 策略的优点是可以灵活地调整学习率的变化，而缺点是需要手动设计合适的函数，以及可能存在学习率变化过于复杂的问题。

5.1.3 自适应学习率调整策略对图像分割的优化作用

图像分割的优化目标是最小化一个损失函数，损失函数通常是一个基于像素的分类损失，如交叉熵损失函数或 Dice 损失函数。损失函数的值反映了模型的预测结果与真实值之间的差异，因此优化的过程就是不断地调整模型的参数，使损失函数的值越来越小，从而提高模型的准确性。学习率是一个控制模型参数更新幅度的超参数，它决定了优化的速度和效果。如果学习率过大，模型可能会在最优解附近振荡，或者跳过最优解，导致损失函数无法收敛。如果学习率过小，模型可能会陷入局部最优，或者收敛速度过慢，导致训练时间过长。因此，选择一个合适的学习率是非常重要的。

自适应学习率调整策略的优势在于可以根据训练过程中的实际情况动态地调整学习率的大小，而不是使用一个固定的值。这样可以使模型在不同的阶段有不同的学习率，从而更好地适应目标函数的变化，加速收敛，提高收敛精度，避免局部最优，寻找全局最优，适应不同的任务和模型。比如，一些基于梯度的自适应学习率调整策略，如 Adam，可以根据参数的梯度历史信息，为每个参数分配一个自适应的学习率，使梯度较大的参数有较小的学习率，梯度较小的参数有较大的学习率。这样可以解决不同参数之间的学习率不平衡的问题，以及在训练过程中学习率过大或过小的问题。一些基于学习率衰减的自适应学习率调整策略，如 Cosine Annealing，可以根据一个余弦函数动态地调整全局的学习率，从一个较大的初始值开始，逐渐降低到一个较小的最终值。这样可以模拟一个退火的过程，使学习率在不同的阶段有不同的变化，从而增加探索和收敛的能力。一些基于反馈的自适应学习率调整策略，如 ReduceLROnPlateau，可以根据训练过程中的某个指标，如损失函数或准确率，动态地调整全局的学习率。

5.2　正则化技术中的权重衰减对模型泛化的影响

图像分割的目的是将图像划分为具有不同语义标签的区域，例如人、车、猫等。图像分割的一个常见挑战是过拟合，即模型在训练集上表现良好，但在测试集或新的图像上表现较差。过拟合的原因有多种，例如训练数据不足、噪声标签、模型复杂度过高等。

一种常用的解决过拟合问题的方法是正则化，即在模型的损失函数中添加一个惩罚项，使模型的参数值较小，从而限制模型的表达能力和复杂度。正则化的一种常见形式是权重衰减，即在损失函数中加入模型参数的 L2 范数（平方和）与一个正的常数（衰减系数）的乘积。权重衰减的作用是在每次更新参数时，用参数值乘以一个小于 1 的因子，从而逐渐减小参数。

5.2.1　图像分割中的过拟合、正则化和权重衰减

图像分割的方法可以分为传统方法和深度学习方法。传统方法主要基于图像的像素值、边缘、纹理、颜色等特征，通过一些规则或准则划分图像，例如阈值分割、区域生长、分水岭算法、聚类算法、图割算法

等。深度学习方法主要基于神经网络的模型，通过学习大量的带标签的图像数据，自动地提取图像的高层特征，并输出分割结果，例如 FCN、U-Net、SegNet、Mask R-CNN 等。

无论是传统方法还是深度学习方法，图像分割都面临着一个共同的问题，即过拟合。过拟合是指模型在训练集上表现良好，但在测试集或新的数据上表现较差，即模型泛化能力差。过拟合的原因可能有以下几种。

（1）训练数据量不足或不具有代表性，导致模型无法学习到数据的真实分布，只是记住了训练数据的特点。

（2）训练数据存在噪声或异常值，干扰了模型的学习过程，使模型对噪声或异常值过度敏感，而忽略了数据的本质特征。

（3）模型复杂度过高或参数过多，导致模型具有过强的拟合能力，而缺乏泛化能力，使模型对训练数据的细节和噪声过度拟合，而无法适应新的数据。

过拟合的危害是显而易见的，它会降低模型的预测准确性和鲁棒性，影响模型的实际应用效果，因此如何避免或减轻过拟合是图像分割中的一个重要问题，正则化是一种常用的方法。

正则化是一种在模型的目标函数中加入一些额外的约束或惩罚项，来限制模型的复杂度或参数的大小，从而避免或减轻过拟合的方法。正则化的目的是在模型的拟合能力和泛化能力之间寻找一个平衡点，使模型既能够较好地拟合训练数据，又能够较好地适应新的数据。

正则化的方法有很多种，其中比较常见的有 L1 正则化和 L2 正则化。L1 正则化是指在模型的目标函数中加入模型参数的绝对值之和作为惩罚项，即

$$L_{\text{reg}} = L + \lambda \sum_{i} |w_i| \tag{5-17}$$

式中：L 表示模型的原始损失函数；w_i 表示模型的第 i 个参数；λ 表示正则化系数，用于控制惩罚项的强度。L1 正则化的作用是使模型的参数变

得稀疏，即使许多参数的值变为零，从而降低模型的复杂度，实现特征选择的效果。

L2 正则化是指在模型的目标函数中加入模型参数的平方和的一半作为惩罚项，即

$$L_{\text{reg}} = L + \frac{\lambda}{2}\sum_{i} w_i^2 \tag{5-18}$$

式中：L 表示模型的原始损失函数；w_i 表示模型的第 i 个参数；λ 表示正则化系数，用于控制惩罚项的强度。L2 正则化的作用是使模型的参数变得较小，即接近零，但不为零，从而降低模型的复杂度，防止模型对噪声或异常值过度敏感。

L1 正则化可以实现特征选择，即自动地选择重要的特征，去除不重要的特征，从而降低模型的维度，减少计算量，提高模型的可解释性。但是 L1 正则化的求解过程比较复杂，不易优化，而且可能导致模型的不稳定性，即对相似的数据，可能得到不同的特征选择结果。

L2 正则化可以防止模型对噪声或异常值过度敏感，提高模型的鲁棒性，求解过程比较简单，易于优化，而且可以防止梯度爆炸的问题。但是 L2 正则化不能实现特征选择，即保留了所有的特征，可能导致模型的维度过高，计算量过大，模型的可解释性较差。

在图像分割中，L2 正则化比较常用，因为图像分割的任务通常需要保留图像的所有特征，而不是选择部分特征，而且图像分割的模型通常比较复杂，需要防止梯度爆炸的问题。L2 正则化有另一个名字，叫作权重衰减。

权重衰减是指在模型的训练过程中，让模型的权重参数以一定的速率衰减，从而避免或减轻过拟合的方法。权重衰减的原理是在每次更新模型的权重参数时，除了减去学习率乘以梯度的值，还要减去学习率乘以正则化系数再乘以权重参数的值，即

$$\boldsymbol{W} \leftarrow \boldsymbol{W} - \eta \frac{\partial L}{\partial \boldsymbol{W}} - \eta\lambda\boldsymbol{W} \tag{5-19}$$

式中：$\boldsymbol{W}$表示模型的权重参数；η表示学习率；L表示模型的损失函数；λ表示正则化系数。可以看出，权重衰减的效果就是使模型的权重参数在每次更新时都变小一些，从而降低模型的复杂度，防止过拟合。

权重衰减的优点是实现起来比较简单，只需要在模型的损失函数中加入一个与权重参数的平方和成正比的惩罚项，就可以达到减小权重参数，防止过拟合的效果。而且，权重衰减可以与其他优化算法，如 SGD 算法、momentum 算法、Adam 算法等，结合使用，不需要对优化算法作太大的改动。

权重衰减的缺点是它是一种全局的正则化方法，即它对所有的权重参数都施加相同的惩罚力度，而不考虑权重参数的重要性或相关性。这可能会导致一些有用的信息丢失或被抑制，从而影响模型的性能。因此，一些局部的或自适应的正则化方法，如 Dropout（随机丢弃一些神经元）或批量归一化，可能会更有效或更合适。

5.2.2 权重衰减的理论分析

1. 权重衰减的数学表达式和更新规则

假设模型是一个多层感知器，它的输出为

$$\hat{y} = f(\boldsymbol{x};\ \boldsymbol{W},\ \boldsymbol{b}) \tag{5-20}$$

式中：$\boldsymbol{x}$表示输入；$\hat{y}$表示输出；$\boldsymbol{W}$和$\boldsymbol{b}$表示模型的权重参数和偏置参数；f表示模型的非线性激活函数。假设模型的损失函数是均方误差，即

$$L(\boldsymbol{W},\ \boldsymbol{b}) = \frac{1}{n}\sum_{i=1}^{n}(y_i - \hat{y}_i)^2 \tag{5-21}$$

式中：n表示训练样本的数量；y_i表示第i个样本的真实标签；$\hat{y}_i$表示第i个样本的预测标签。如果不使用权重衰减，那么目标是最小化损失函

数 $L(\boldsymbol{W}, \boldsymbol{b})$，即 $\min_{\boldsymbol{W}, \boldsymbol{b}} L(\boldsymbol{W}, \boldsymbol{b})$。这里可以使用梯度下降法来求解这个优化问题，即每次更新参数时，沿着损失函数的负梯度方向移动一定的步长，即

$$\boldsymbol{W} \leftarrow \boldsymbol{W} - \eta \frac{\partial L}{\partial \boldsymbol{W}} \tag{5-22}$$

$$\boldsymbol{b} \leftarrow \boldsymbol{b} - \eta \frac{\partial L}{\partial \boldsymbol{b}} \tag{5-23}$$

式中：η 表示学习率，控制着更新的速度。

如果使用权重衰减，那么目标是最小化损失函数 $L(\boldsymbol{W}, \boldsymbol{b})$ 和权重参数的平方范数的加权和，即

$$\min_{\boldsymbol{W}, \boldsymbol{b}} L(\boldsymbol{W}, \boldsymbol{b}) + \frac{\lambda}{2} \| \boldsymbol{W} \|^2 \tag{5-24}$$

式中：λ 表示一个正的常数，控制着权重衰减的强度；$\| \boldsymbol{W} \|^2$ 表示权重参数的平方范数，即 $\| \boldsymbol{W} \|^2 = \sum_{i, j} \boldsymbol{W}_{ij}^2$。可以看到，当 λ 较大时，权重衰减的惩罚项会占据较大的比重，从而使模型倾向于选择较小的权重参数，以降低模型的复杂度；当 λ 较小时，权重衰减的惩罚项会占据较小的比重，从而使模型倾向于选择较大的权重参数，以提高模型的拟合能力。因此，λ 值需要根据数据的特点和模型的性能进行调整，通常可以通过交叉验证等方法来确定最优的 λ 值。

求解带有权重衰减的优化问题仍然可以使用梯度下降法，但是需要对参数的更新规则作一些修改。具体地说，需要计算 $L(\boldsymbol{W}, \boldsymbol{b}) + \frac{\lambda}{2} \| \boldsymbol{W} \|^2$ 关于 $\boldsymbol{W}$ 和 $\boldsymbol{b}$ 的偏导数，然后用它们更新参数。根据链式法则，有

$$\frac{\partial L}{\partial \boldsymbol{W}} + \frac{\lambda}{2} \frac{\partial \| \boldsymbol{W} \|^2}{\partial \boldsymbol{W}} = \frac{\partial L}{\partial \boldsymbol{W}} + \lambda \boldsymbol{W} \tag{5-25}$$

$$\frac{\partial L}{\partial \boldsymbol{b}} + \frac{\lambda}{2} \frac{\partial \| \boldsymbol{W} \|^2}{\partial \boldsymbol{b}} = \frac{\partial L}{\partial \boldsymbol{b}} \tag{5-26}$$

注意到 $\|\boldsymbol{W}\|^2$ 只与 $\boldsymbol{W}$ 有关，而与 $\boldsymbol{b}$ 无关，所以偏置参数的更新规则不变，而权重参数的更新规则变为 $\boldsymbol{W} \leftarrow \boldsymbol{W} - \eta\left(\frac{\partial L}{\partial \boldsymbol{W}} + \lambda \boldsymbol{W}\right)$。可以看到，由于加入了权重衰减，权重参数在每次更新时，除了要减去损失函数的负梯度，还要减去 $\lambda \boldsymbol{W}$，这相当于在每次更新时，让权重参数乘以一个小于 1 的系数 $1-\eta\lambda$，从而使权重参数逐渐衰减，趋向于零。

2. 权重衰减的物理含义和影响因素

从物理的角度来看，权重衰减可以被理解为在模型的优化过程中加入了一个阻尼力，使模型的动能不能无限增大，从而防止模型在参数空间中跳跃过远，错过了最优解。从直观的角度来看，权重衰减可以被理解为在模型的损失函数中加入了一个正则化项，使模型在拟合数据的同时，尽量保持参数的简洁，从而避免模型过于复杂，拟合了数据中的噪声或无关特征。

权重衰减的效果主要取决于两个因素：权重衰减的强度 λ 和学习率 η。权重衰减的强度 λ 决定了正则化项在损失函数中的比重。如果 λ 过大，那么正则化项会占据较大的比重，从而使模型过于简单，忽略了数据中的重要特征，导致欠拟合。欠拟合是指模型在训练集和测试集上都表现不好的现象，通常是由于模型过于简单，不能捕捉到数据中的复杂规律，缺乏拟合能力。如果 λ 过小，那么正则化项会占据较小的比重，从而使模型过于复杂，拟合了数据中的噪声或无关特征，导致过拟合。因此，λ 的选择需要在欠拟合和过拟合之间寻找一个平衡点，使模型既能学习到数据中的重要特征，又能避免过拟合。

学习率 η 决定了参数更新的速度，如果 η 过大，那么参数更新的幅度会过大，从而使模型在参数空间中跳跃过远，可能错过最优解或者在极值点附近振荡。如果 η 过小，那么参数更新的幅度会过小，从而使模型在参数空间中移动过慢，可能陷入局部最优或者收敛速度过慢。所以，η 的值需要根据数据的特点和模型的性能进行调整，通常可以通过学习率衰减等方法动态地改变 η 的大小。

5.3　批量归一化对图像分割模型训练稳定性的影响

批量归一化是一种数据预处理方法，它可以将每个批次中的数据进行标准化，使其均值为 0，方差为 1。这样做的目的是减少数据之间的差异，避免梯度消失或梯度爆炸的问题，提高神经网络的训练效率和稳定性。

批量归一化的原理是对每个批次的数据进行归一化处理，即减去均值，除以标准差，然后再进行线性变换，乘以一个可学习的缩放因子，加上一个可学习的偏移量。具体来说，假设一个批次的数据为 $X=\{x_1, x_2, \cdots, x_m\}$，其中 m 是批次大小，x_i 表示第 i 个样本的特征。那么，对于每个特征维度 k，可以计算该批次数据在该维度上的均值 μ_k 和方差 σ_k^2，计算公式如下

$$\mu_k = \frac{1}{m}\sum_{i=1}^{m} x_{ik} \tag{5-27}$$

$$\sigma_k^2 = \frac{1}{m}\sum_{i=1}^{m} (x_{ik} - \mu_k)^2 \tag{5-28}$$

然后，对每个样本的每个特征维度进行归一化，使其服从标准正态分布，计算公式如下

$$\hat{x}_{ik} = \frac{x_{ik} - \mu_k}{\sqrt{\sigma_k^2 + \varepsilon}} \tag{5-29}$$

式中：ε 表示一个很小的正数，用来防止除数为 0 的情况。接着，可以对归一化后的数据进行线性变换，乘以一个可学习的缩放因子 γ_k，加上一个可学习的偏移量 β_k，计算公式如下

$$y_{ik} = \gamma_k \hat{x}_{ik} + \beta_k \tag{5-30}$$

式中：γ_k 和 β_k 表示模型的参数，可以通过反向传播算法进行更新。这样就得到了经过批量归一化处理后的数据 $Y = \{y_1, y_2, \cdots, y_m\}$，作为下一层的输入。可以看出，批量归一化的过程相当于对每个特征维度进行了一个仿射变换，使输出数据的分布更加稳定和可控。

批量归一化对图像分割模型训练稳定性的影响主要体现在 4 个方面。

（1）加快网络的收敛速度。因为批量归一化后的数据分布更加稳定，可以使用更大的学习率，避免陷入局部最优。实验表明，使用批量归一化可以使网络的收敛速度提高几倍，甚至可以不使用复杂的优化器，如 Adam，只用简单的 SGD 就可以达到很好的效果。

（2）减轻网络对参数初始化的依赖。因为批量归一化后的数据分布更加均匀，不会出现梯度消失或梯度爆炸的问题。在深度神经网络中，参数的初始化是非常重要的，因为不同的初始化方法会导致不同的数据分布，从而影响网络的训练效果。参数初始化不当，可能会导致网络的输入数据分布不合理，使激活函数的输出处于饱和区或线性区，导致梯度消失或梯度爆炸的问题，使网络无法有效地学习。而使用批量归一化可以使网络的输入数据分布保持在一个合理的范围内，避免了梯度消失或梯度爆炸的问题，从而减轻了网络对参数初始化的依赖。

（3）起到一定的正则化作用。因为批量归一化的过程引入了一定的噪声，相当于给隐藏层加入了 Dropout，防止过拟合。在深度神经网络中，过拟合是一个常见的问题，即网络在训练集上表现很好，但在测试集上表现很差，这说明网络没有学习到数据的真实规律，而是学习了数据的噪声或无关特征。常使用正则化或 Dropout 防止过拟合，即在训练过程中随机地将一些隐藏层的神经元置为零，从而减少网络的参数数量，增加网络的稀疏性，防止网络过度依赖某些特征。而批量归一化也可以起到一定的正则化作用，因为在计算均值和方差时是使用一个批次的数据，而不是使用整个训练集的数据，这就引入了一些随机性，相当于给数据加入了一些噪声，从而防止网络过拟合。实验表明，使用批量归一化可以使网络在一定程度上不需要使用正则化或 Dropout，或者使用较小的正则化系数或 Dropout 率，就可以达到很好的泛化能力。

（4）保持隐藏层中数值的均值和方差不变。在深度神经网络中，内部协变量偏移是一个常见的问题，即网络中每一层的输入数据的分布随着网络的训练而发生变化，这使网络的训练变得困难，因为每一层都需要不断地适应新的数据分布，从而降低了网络的学习速度且效果欠佳。使用批量归一化可以使网络中每一层的输入数据的分布保持在一个相对稳定的状态，从而缓解了内部协变量偏移的问题，为后面的网络提供了一个坚实的基础，使得网络的训练更加容易和有效。

批量归一化的最佳设置主要取决于模型的结构、数据集、优化器和学习率等因素，具体可以借鉴以下常用经验法则。

（1）批量归一化层的位置。批量归一化层通常放在激活函数之前，这样可以避免激活函数的饱和区域。如果使用的是 ReLU 激活函数，那么批量归一化层可以放在激活函数之后，因为这种情况下 ReLU 不会导致饱和。如果使用的是残差网络，那么批量归一化层可以放在残差分支的末尾，以减少批量归一化层的数量。假设模型中有一个卷积层输出 $X \in \mathrm{R}^{N \times C \times H \times W}$，其中 N 是批次大小，C 是通道数，H 是高度，W 是宽度。如果在卷积层之后添加一个批量归一化层，那么批量归一化层的输入就是 X，其输出为 $Y \in \mathrm{R}^{N \times C \times H \times W}$，计算过程如下。

对每个通道 C，计算当前批次的均值 μ_C 和方差 σ_C^2，即

$$\mu_C = \frac{1}{NHW}\sum_{n=1}^{N}\sum_{h=1}^{H}\sum_{w=1}^{W} x_{NCHW} \tag{5-31}$$

$$\sigma_C^2 = \frac{1}{NHW}\sum_{n=1}^{N}\sum_{h=1}^{H}\sum_{w=1}^{W} (x_{NCHW} - \mu_C)^2 \tag{5-32}$$

使用均值和方差对每个通道的数据进行标准化，得到归一化后的数据 $\hat{x}_{NCHW}$，即

$$\hat{x}_{NCHW} = \frac{x_{NCHW} - \mu_C}{\sqrt{\sigma_C^2 + \varepsilon}} \tag{5-33}$$

式中：ε 表示一个很小的正数，用来避免除以 0 的情况。

使用可学习的缩放因子 γ_C 和平移因子 β_C 对归一化后的数据进行变换，得到最终的输出 y_{NCHW}，即

$$y_{NCHW} = \gamma_C \hat{x}_{NCHW} + \beta_C \tag{5-34}$$

式中：γ_C 和 β_C 表示批量归一化层的参数，可以通过反向传播进行更新。

如果在卷积层之前添加一个批量归一化层，那么批量归一化层的输入就是卷积层的输入 X，其输出为 Y，计算过程同上，只是将 X 和 Y 的角色互换。

（2）批量归一化层的参数。批量归一化层的缩放因子和平移因子可以被初始化为 1 和 0，或者根据数据的分布进行合适的初始化。如果数据是图像，那么可以使用 0.5 和 0.5 作为初始值。批量归一化层可以省略偏置项，因为平移因子可以起到相同的作用。如果模型中有全连接层，那么可以在全连接层之前添加批量归一化层，以减少全连接层的参数数量。

（3）批量归一化层的统计量。批量归一化层在训练阶段和预测阶段使用的均值和方差不同，训练阶段使用当前批次的统计量，预测阶段使用训练集的全局统计量。为了计算全局统计量，可以使用指数加权移动平均方法，即每次更新时，将当前批次的统计量与之前的全局统计量进行加权平均，即

$$\mu_C^{(t)} = \alpha \mu_C^{(t-1)} + (1-\alpha)\mu_C \tag{5-35}$$

$$\sigma_C^{2(t)} = \alpha \sigma_C^{2(t-1)} + (1-\alpha)\sigma_C^2 \tag{5-36}$$

式中：t 表示更新的次数；α 表示一个衰减系数，用来控制全局统计量的更新速度。可以根据数据集的大小和变化程度，选择一个合适的衰减系数，一般为 0.9 ～ 0.999。在预测阶段使用批量归一化层时需要使用 $\mu_C^{(t)}$ 和 $\sigma_C^{2(t)}$ 来代替 μ_C 和 σ_C^2，以保持批量归一化层的一致性。

（4）批量归一化层的批次大小。批量归一化层的效果和批次大小有关，批次越大，批次内的数据越接近真实分布，批量归一化层的效果越好。但是，批次过大也会导致训练时间过长，内存占用过多以及优化器不稳定等问题。因此，需要在批次大小和批量归一化层的效果之间找到一个平衡点，一般情况下批次大小为 32 ～ 256。如果批次过小，可以尝试使用分组归一化、层归一化或者实例归一化等其他类型的归一化方法。

5.4　Dropout 在防止图像分割模型过拟合中的作用

5.4.1　Dropout 的基本概念和原理

Dropout 是深度学习中一种应对过拟合问题的简单且有效的正则化方法。其原理很简单，在训练阶段，在每一个 epoch 中都以一定比例 p 随机丢弃网络中的一些神经元，即其激活值被设置为 0。这种机制可以表示为

$$a_i' = r_i \cdot a_i \tag{5-37}$$

式中：a_i 表示神经元 i 的激活值；r_i 表示一个随机变量，它以概率 $1-p$ 为 1，以概率 p 为 0。这样网络的每一次前向传播都相当于在原始网络的基础上采样出一个子网络，并在这个子网络上进行训练。

这种随机性的引入一定程度上阻止了网络层之间复杂的共适应关系

的形成。在没有使用 Dropout 的情况下，网络中的神经元可能会相互适应并形成脆弱的共适应关系，使网络对训练数据中的特定模式过度敏感，从而导致过拟合。Dropout 可以迫使网络学习更加健壮的特征，因为它不能依赖任何一组神经元的存在。

在反向传播过程中，只有参与前向传播的神经元（未被丢弃的神经元）的权重才会被更新。这进一步确保了网络的不同子集能够学习到数据的不同方面，从而增强了网络的泛化能力。

在测试阶段，所有的神经元都保持激活状态，但为了补偿训练过程中的神经元丢弃，其输出通常需要乘以 $1-p$，以保持网络激活值的总量不变。这可以通过调整网络权重实现。

$$w'_{\text{test}} = (1-p) \cdot w \tag{5-38}$$

式中：w 表示训练期间的权重；w'_{test} 表示测试阶段使用的权重。

Dropout 也可以被视为一种模型集成的方法，因为每次前向传播时网络结构都在变化，相当于每次都在训练一个新的网络。虽然这些网络共享权重，但它们各自学习了数据的不同方面。因此，Dropout 可以被看作在训练阶段同时训练大量相互重叠的网络，并在测试阶段通过对它们的预测进行平均来实现模型集成的效果。

Dropout 的效果受其概率参数 p 的影响，p 的选择通常基于经验，它决定了每次迭代中被丢弃的神经元比例。较高的 p 值意味着更多的神经元被丢弃，这可能导致网络学习较弱的特征表示，而较低的 p 值可能不足以有效地减少过拟合。通常对于输入层，p 会被设置得较小（如 0.2），而在更深的网络层，p 可以被设置得更大（如 0.5）。

Dropout 也可以与其他正则化技术（如 L1 正则化和 L2 正则化）结合使用，以进一步提高模型的泛化能力。比如，在带有 Dropout 的网络中使用 L2 正则化可以减小权重的绝对值，进一步降低过拟合的风险。

5.4.2　Dropout 的优点和缺点

Dropout 的核心优势在于其能够有效减少深度学习模型的过拟合。通过在训练过程中随机地丢弃神经元，Dropout 强迫网络学习更加健壮的特征表示，从而减少模型对任何单个神经元的依赖。这种随机性增加了模型的泛化能力，因为它迫使网络在每次迭代中学习到不同的特征组合。这可以看作在训练阶段对多个子网络进行训练和集成。在测试阶段，使用所有神经元并对其输出进行缩放，相当于对这些子网络的预测进行平均，从而降低过拟合风险。具体而言，Dropout 可以被视为一种模型平均技术，每次训练迭代相当于训练一个具有不同架构的子网络。这些子网络共享权重，使训练过程中每个子网络都能学习到数据的不同方面。

但是，Dropout 也有一定的缺点，最显著的是它可能会增加模型的训练时间。由于在每个训练批次中，网络的结构都在变化（某些神经元被随机丢弃），因此网络需要更多的迭代才能收敛。这意味着要达到相同的性能水平，使用 Dropout 的网络需要更长的训练时间。此外，Dropout 的随机性导致一些重要特征被忽略。尽管 Dropout 能够减少模型对单个神经元的依赖，但这也意味着一些对于特定任务非常重要的特征在某些训练迭代中会被忽视。

Dropout 的使用也增加了神经网络的不可解释性。Dropout 引入了随机性，这使理解和解释网络的行为变得更加复杂。每次训练迭代中都有不同的神经元被丢弃，这意味着网络的行为在每次迭代中都有所不同。这种不确定性使对网络的行为进行精确的分析和解释变得更加困难。从理论上讲，虽然 Dropout 可以被看作在训练多个子网络，并在测试时对它们进行集成，但实际上，这些子网络是高度重叠且共享权重的，增加了模型行为的复杂性和不确定性。

Dropout 的效果直接取决于其概率参数 p ，这就导致 Dropout 的参数设置非常依赖技术人员的个人经验，选择过高的p值可能导致网络无法有效学习，因为过多的神经元被丢弃；而选择过低的p值可能不足以提供足够的正则化效果，从而无法充分抑制过拟合。这对流程的标准化是有一定的阻碍作用的。

5.5 高级激活函数在图像分割中的应用

在深度学习中，激活函数是用来引入非线性的重要工具，它决定了一个神经元是否应该被激活，以帮助网络学习复杂的模式。高级激活函数是对传统激活函数的改进或变体，它们通常具有更优的性能，特别是在处理特定的神经网络问题时。例如，Leaky ReLU（Leaky Rectified Linear Unit）、PReLU（Parametric ReLU）和 ELU（Exponential Linear Unit）等都属于高级激活函数。这些函数在设计上考虑到了梯度消失问题、输出的零中心化以及激活的稀疏性等。

5.5.1 高级激活函数简介

1. Leaky ReLU

Leaky ReLU 是一种修正线性单元激活函数。它可以解决 ReLU 函数的一些缺陷，例如，当输入为负数时，ReLU 函数的导数为 0，会导致神经元死亡。Leaky ReLU 通过引入一个小的负斜率，使当输入为负数时也有一个小的梯度，从而避免了神经元死亡的问题。Leaky ReLU 的公式如下

$$f(x)=\begin{cases}x, & x\geqslant 0\\ \alpha x, & x<0\end{cases} \tag{5-39}$$

式中：α通常取0.01。Leaky ReLU 能够缓解 ReLU 的神经元死亡的问题，

使神经元在输入为负数时也能够被激活。此外，Leaky ReLU 比 ReLU 更具鲁棒性，即能更好地处理异常数据和噪声数据。

在 Python 中，使用 TensorFlow 或 PyTorch 库可以实现 Leaky ReLU。以下是一个简单的示例，演示如何在 PyTorch 中使用 Leaky ReLU。假设已经有一个卷积层用于图像分割网络，代码如下。

```
import torch
import torch.nn as nn

# 定义一个简单的卷积层
class ConvLayer(nn.Module):
    def __init__(self, in_channels, out_channels, kernel_size, stride, padding):
        super(ConvLayer, self).__init__()
        self.conv = nn.Conv2d(in_channels, out_channels, kernel_size, stride, padding)
        self.leaky_relu = nn.LeakyReLU(0.01)

    def forward(self, x):
        x = self.conv(x)
        return self.leaky_relu(x)

# 假设输入图像尺寸为 [batch_size, channels, height, width]
input_image = torch.randn(1, 3, 224, 224)

# 创建卷积层实例
conv_layer = ConvLayer(3, 16, 3, 1, 1)

# 应用卷积层
output = conv_layer(input_image)
```

在这个例子中，ConvLayer 类创建了一个包含卷积和 Leaky ReLU 激活函数的层。Leaky ReLU 的负斜率设置为 0.01。该层可以嵌入更大的图像分割网络中。

2. PReLU

PReLU 激活函数是一种可学习的激活函数。它在输入为负数时，在

ReLU 的基础上引入一个可学习的斜率，从而增强了模型的表达能力。PReLU 的公式如下

$$\mathrm{PReLU}(x)=\begin{cases}x, & x\geqslant 0\\ \alpha x, & x<0\end{cases} \tag{5-40}$$

PReLU 与 Leaky ReLU 最大的不同在于，PReLU 中的参数 α 是可学习的，而 Leaky ReLU 中的 α 是一个定值。

以下的代码示例展示如何在 PyTorch 中使用 PReLU。假设已经有一个卷积层用于图像分割网络，代码如下。

```
import torch
import torch.nn as nn

# 定义一个包含 PReLU 的卷积层
class ConvLayerWithPReLU(nn.Module):
    def __init__(self, in_channels, out_channels, kernel_size, stride, padding):
        super(ConvLayerWithPReLU, self).__init__()
        self.conv = nn.Conv2d(in_channels, out_channels, kernel_size, stride, padding)
        self.prelu = nn.PReLU()

    def forward(self, x):
        x = self.conv(x)
        return self.prelu(x)

# 假设输入图像尺寸为 [batch_size, channels, height, width]
input_image = torch.randn(1, 3, 224, 224)

# 创建卷积层实例
conv_layer = ConvLayerWithPReLU(3, 16, 3, 1, 1)

# 应用卷积层
output = conv_layer(input_image)
```

ConvLayerWithPReLU 类创建了一个包含卷积和 PReLU 激活函数的层。PReLU 的参数在训练过程中会被自动学习和调整。

3. ELU

ELU 激活函数是一种高级激活函数。与 ReLU 及其变体相比，ELU 可以缩短神经网络的训练时间并提高训练准确度。ELU 的公式如下

$$\mathrm{ELU}(x)=\begin{cases}x, & x>0\\ \alpha(\mathrm{e}^{x}-1), & x\leqslant 0\end{cases}\tag{5-41}$$

式中：α 为 0 ～ 1，并且通常相对较小。ELU 在所有点上都是连续的和可微的。与 ReLU 不同，它没有神经元死亡的问题。这是因为 ELU 的梯度对于所有负值都是非零的。

其代码示例如下。

```
import torch
import torch.nn as nn

# 定义一个包含 ELU 的卷积层
class ConvLayerWithELU(nn.Module):
    def __init__(self, in_channels, out_channels, kernel_size, stride, padding, alpha=1.0):
        super(ConvLayerWithELU, self).__init__()
        self.conv = nn.Conv2d(in_channels, out_channels, kernel_size, stride, padding)
        self.elu = nn.ELU(alpha=alpha)

    def forward(self, x):
        x = self.conv(x)
        return self.elu(x)

# 假设输入图像尺寸为 [batch_size, channels, height, width]
input_image = torch.randn(1, 3, 224, 224)

# 创建卷积层实例
conv_layer = ConvLayerWithELU(3, 16, 3, 1, 1)

# 应用卷积层
output = conv_layer(input_image)
```

ConvLayerWithELU 类创建了一个包含卷积和 ELU 激活函数的层。ELU 的参数 α 在这里被设置为 1.0，也可以根据需要进行调整。

5.5.2 高级激活函数相比基础激活函数的优势

高级激活函数，如 Leaky ReLU、PReLU 和 ELU，相比基础激活函数，如 sigmoid 和 tanh，有以下优势。

1. 解决梯度消失问题

传统的激活函数，如 sigmoid 或 tanh，由于其饱和性质，在深层网络中容易导致梯度消失问题。而高级激活函数，如 Leaky ReLU 和 ELU，通过为负输入值提供一个小的、非零的梯度，可以在一定程度上解决这一问题。

2. 非零中心化输出

传统的激活函数会导致输出的非零中心化，这会影响梯度下降的效率。而高级激活函数具有输出接近零均值的特性，从而有助于加快学习过程。

3. 稀疏激活

在某些情况下，稀疏激活（大部分神经元输出为零）是有益的，因为它可以减少不必要的计算和存储资源的消耗，同时提高网络的表示能力。高级激活函数，如 ReLU 及其变体，能够实现稀疏激活。

ReLU 保证了所有负值的输入都被置为零，从而在网络的激活中产生稀疏性。这种稀疏性可以在一定程度上模拟生物神经系统的行为，使网络更加高效。

4. 参数化能力

某些高级激活函数如 PReLU 引入了可学习的参数，这使网络能够在训练过程中自适应地调整激活函数的形状。

5. 兼容性和灵活性

高级激活函数通常与现有的网络架构兼容，可以根据具体任务的需要进行选择和调整。例如，在需要更快收敛速度的任务中，可以选择 ELU 或 PReLU；在需要稀疏激活的任务中，可以选择 ReLU 或其变体。

高级激活函数被广泛应用于各种深度学习模型中，包括 CNN、循环神经网络和深度信念网络等。选择哪种激活函数通常取决于具体任务的性质和需求，比如在处理图像识别任务时，ReLU 及其变体由于较快的收敛速度和有效的稀疏激活特性，通常是首选。而在处理序列数据或复杂的时间序列分析任务时，ELU 或 PReLU 由于更好的梯度流和非零中心化的输出则更加合适。

5.6　级联卷积核对图像分割精度的提升

5.6.1　级联卷积核的原理与实现

级联卷积核是一种用于图像分割的深度学习方法，它可以有效地提取多尺度的图像特征，并且具有较低的计算复杂度。级联卷积核的基本思想是将不同大小的卷积核串联起来，形成一个级联的结构，从而能够同时捕捉局部和全局的图像信息。级联卷积核的优点是可以减少参数数量，降低内存消耗，加快训练和推理过程，同时保持良好的分割性能。

级联卷积核建立在 CNN 的基础上，它应用一系列卷积层来自动提取图像的特征。每个卷积层由多个卷积核组成，这些核在输入图像上滑动，以生成特征图（或激活图）。级联卷积核在这一框架下进一步发展，它将不同大小或类型的卷积核按顺序堆叠，以捕获不同层次的图像特征。级联卷积核的一个例子是 inception 模块，它将 1×1、3×3 和 5×5 的卷积核并行地应用于输入，然后将它们的输出拼接在一起，形成一个更丰富的特征表示，其代码实现如下。

```
import torch
import torch.nn as nn

class InceptionModule(nn.Module):
    def __init__(self, in_channels, f1, f3, f5, f_pool):
        super(InceptionModule, self).__init__()

        # 1 × 1 卷积分支
        self.branch1 × 1 = nn.Conv2d(in_channels, f1, kernel_size=1)

        # 3 × 3 卷积分支
        self.branch3 × 3 = nn.Sequential(
            nn.Conv2d(in_channels, f3, kernel_size=1),
            nn.Conv2d(f3, f3, kernel_size=3, padding=1)  # 添加 padding 以保持特征图
尺寸
        )

        # 5 × 5 卷积分支
        self.branch5 × 5 = nn.Sequential(
            nn.Conv2d(in_channels, f5, kernel_size=1),
            nn.Conv2d(f5, f5, kernel_size=5, padding=2)  # 添加 padding 以保持特征图
尺寸
        )

        # 池化分支
        self.branch_pool = nn.Sequential(
            nn.Ma × Pool2d(kernel_size=3, stride=1, padding=1),
            nn.Conv2d(in_channels, f_pool, kernel_size=1)
        )

    def forward(self, x):
        branch1 × 1 = self.branch1 × 1(x)
        branch3 × 3 = self.branch3 × 3(x)
        branch5 × 5 = self.branch5 × 5(x)
        branch_pool = self.branch_pool(x)
```

```
        # 将四个分支的输出沿着通道维度拼接
        outputs = [branch1 × 1, branch3 × 3, branch5 × 5, branch_pool]
        return torch.cat(outputs, 1)

# 示例：创建一个 inception 模块
inception = InceptionModule(in_channels=192, f1=64, f3=128, f5=32, f_pool=32)

# 假设输入数据为 [batch_size, 192, height, width]
input_tensor = torch.randn(1, 192, 28, 28)

# 通过 inception 模块
output = inception(input_tensor)
```

级联卷积核通常包括多个卷积层，每个卷积层使用不同大小的核。例如，第一个卷积层可能使用较小的核来捕获细节信息，接下来的卷积层使用较大的核来捕获更抽象的、全局的信息。这种结构使级联卷积核能够在单个模型中同时学习图像的局部和全局特征，从而提高模型的表达能力和识别准确性。级联卷积核的一个优点是它可以增加感受野的大小，即每个输出单元能够感知到的输入区域的大小。感受野的大小决定了模型能够捕获的图像信息的范围，通常越大越好。

在工作方式上，级联卷积核的每个卷积层都会对输入数据进行卷积操作，生成特征图。随着数据在这些卷积层中的传递，不同卷积层的特征图被逐渐集成，形成一个综合的、多层次的特征表示。这个过程中，每个卷积层都可以被视为一个特征提取器，它关注输入数据的不同方面。通过这种方式，级联卷积核能够有效地整合来自不同尺度的信息，为图像分割任务提供更丰富的特征。图像分割的目标是将图像划分为多个区域或对象，这要求模型能够理解和识别图像中的各种细节。级联卷积核通过其多层次的结构可对图像不同区域进行深入理解，从而提高了图像分割的精度。由于级联卷积核能够在单个传递过程中同时处理多个尺度的信息，因此它还可以提高图像分割的效率。

为了进一步提高图像分割的精度和效率，需要重点关注级联卷积核的大小和种类的选择。小的级联卷积核可以捕获细微的局部特征，而大的级联卷积核有助于识别图像中的更大范围模式。在级联架构中，合理地组合不同大小的级联卷积核，可以确保模型从不同尺度有效地提取特征。而在训练过程中的参数调整方面，例如学习率、权重初始化和正则化技术的选择都会对模型的性能产生较大影响。在级联卷积核中，适当的正则化可以防止过拟合，确保模型在新的、未见过的图像上表现良好。级联卷积核技术通常与其他深度学习技术结合使用，如池化层、批量归一化和激活函数。这些技术的结合可以进一步提高模型的表现能力和泛化能力。特别是在图像分割任务中，池化层有助于降低特征维度，批量归一化可以加快模型训练速度，而在激活函数中引入非线性，可使模型能够捕获更复杂的特征。为了提高效率，可以采用各种优化策略，如使用更高效的卷积操作、减少计算资源的浪费以及采用并行处理技术。

5.6.2 级联卷积核的测试与评估

要评估级联卷积核的性能，需要在公开的图像分割数据集上对模型进行训练和测试。这个过程通常包括以下步骤。

（1）数据准备。选择适合的公开图像分割数据集，如 PASCAL VOC、Cityscapes 等，这些数据集提供了大量带有像素级标注的图像。这些数据集涵盖了不同的场景和类别，可以用来评估模型的泛化能力。数据准备的目的是对图像和标签进行预处理，如裁剪、缩放、归一化、增强等，以适应模型的输入格式，提高模型的鲁棒性。

（2）模型构建。在模型中集成级联卷积核通常要修改现有的神经网络架构，比如将 inception 模块集成到 CNN 中，具体见前述章节的代码实现。inception 模块是一种使用多个并行的卷积核来提取特征的方法，它可以有效地增加网络的深度和宽度，同时减少参数数量和计算量。用级联卷积核替换 inception 模块中的标准卷积核，可以进一步提高模型的效率和增强其效果。模型构建的目的是设计一个合适的网络结构，以发挥级联卷积核的优势，并满足图像分割的任务需求。

（3）训练。使用数据集训练模型，调整超参数以优化性能。训练的目的是通过反向传播算法和优化器，如 SGD、Adam 等，更新模型的权重，使模型能够逐渐拟合训练数据。在训练的过程中，需要注意选择合适的损失函数，如交叉熵损失、Dice 损失等，以衡量模型的输出和真实标签之间的差异。同时，需要使用验证集来监控模型的训练过程，避免过拟合或欠拟合，以及选择最佳的模型参数。

（4）测试。在测试集上评估模型性能，所使用的指标包括精确度、召回率、IoU 等。测试的目的是检验模型在未见过的数据上的泛化能力，以及与其他方法相比的优劣之处。在测试的过程中，需要注意使用与训练时相同的预处理方法，以保证结果的一致性。同时，需要对测试结果进行可视化分析，以了解模型的优点和缺点，以及可能的改进方向。

在完成了训练和测试后，可以将级联卷积核的性能与其他类型的卷积核（如标准卷积核、深度可分离卷积核等）进行比较，重点关注以下几个方面。

（1）准确度。比较模型在图像分割任务上的准确性。准确性是指模型正确分割图像中的目标区域的能力，通常用像素级的精确度、召回率、IoU 等指标来衡量。级联卷积核可以在保持较高的准确性的同时，减少计算量和参数数量，这是因为级联卷积核可以有效地利用多尺度的图像特征，而不需要增加过多的网络层或通道数。

（2）计算效率。评估模型的计算开销，例如参数数量、计算量、推理时间等。计算效率是指模型在完成图像分割任务时所需的资源和时间，通常用参数数量、FLOPs、每秒处理的图像数量（frames per second, FPS）等指标来衡量。级联卷积核可以在保持较高的计算效率的同时，提高分割性能，这是因为级联卷积核可以有效地减少冗余的计算，而不需要牺牲分辨率或特征表达能力。

（3）泛化能力。检查模型在不同类型和规模的数据集上的表现。泛化能力是指模型在面对不同的场景和类别时，能否保持稳定和鲁棒的分割效果，通常用模型在不同数据集上的分割性能来衡量。级联卷积核可以在保持较高的泛化能力的同时，适应不同的任务需求，这是因为级联卷积核可以有效地适应不同的图像尺度和特征分布，而不需要过多的调整。

5.7 注意力机制增强图像分割模型的焦点区域识别

本书在 4.5 节的内容中曾简单介绍过注意力机制，本节将继续深入探讨注意力机制对增强图像分割模型的焦点区域识别的作用。

5.7.1 注意力机制与焦点区域识别

注意力机制是一种模仿人类视觉和认知系统的方法，它允许神经网络在处理输入数据时将注意力集中于相关的部分。通过引入注意力机制，神经网络能够自动地学习并选择性地关注输入中的重要信息，提高模型的性能和泛化能力。

注意力机制可以分为不同的类型，根据注意力权重施加的方式和位置，可以分为以下几种。

1. 空间域注意力

空间域注意力是指在图像或特征图的空间维度上施加注意力权重，使模型能够关注图像或特征图中的某些区域，忽略其他无关的区域。空间域注意力的一个典型例子是空间变换网络（spatial transformer network, STN），它可以对输入图像进行变换，使模型能够关注图像中的 RoI。

2. 通道域注意力

通道域注意力是指在图像或特征图的通道维度上施加注意力权重，使模型能够关注图像或特征图中的某些通道，忽略其他无关的通道。通道域注意力的一个典型例子是压缩与激励网络（squeeze-and-excitation networks, SENet），它可以通过全局池化和全连接层计算每个通道的重要性，并对每个通道进行加权。

3. 混合域注意力

混合域注意力是指同时在空间域和通道域施加注意力权重，使模型能够关注图像或特征图中的某些区域和某些通道。混合域注意力的一个典型例子是残差注意力网络（residual attention network），它可以通过多尺度的注意力模块对输入特征进行逐层的加权和融合。

4. 自注意力

自注意力是指在处理序列数据（如文本、语音或图像序列）的过程中，每个元素都可以与序列中的其他元素建立关联，而不仅仅依赖相邻位置的元素。它通过计算元素之间的相似度自适应地捕捉元素之间的长程依赖关系。自注意力的一个典型例子是转换器模型（transformer），它可以通过多头注意力机制（multi-head attention）对序列中的不同位置分配不同的权重，并对序列进行加权求和。

焦点区域识别作为一种图像处理技术，可以检测图像中最能吸引人眼球的区域，也就是人类视觉的焦点。这种技术的目标是在计算机上实现像人眼一样快速判断图像中的显著性区域。注意力机制可以模拟人类视觉的焦点，从而增强焦点区域识别的效果。

5.7.2　使用注意力机制增强焦点区域识别的方法

使用注意力机制增强图像分割模型的焦点区域识别一般有两种方法。

第一种方法是在图像分割模型的输出层之前添加一个注意力模块，

用于生成注意力权重矩阵，然后将注意力权重矩阵与分割结果相乘，得到焦点区域的分割结果。这种方法的优点是可以直接利用分割模型的输出特征来生成注意力权重，不需要额外的输入或者网络结构。注意力模块可以是任何能够生成注意力权重的结构，如自注意力、非局部注意力、空间变换网络等。注意力权重矩阵的尺寸与分割结果的尺寸相同，每个元素的值表示对应像素的注意力程度，值越大表示越重要，值越小表示越不重要。注意力权重矩阵与分割结果逐元素相乘，可以放大焦点区域的分割响应，抑制非焦点区域的分割响应，从而提高焦点区域的分割精度和鲁棒性。这种方法的缺点是可能会损失一些非焦点区域的分割信息，导致整体的分割性能下降。其具体的代码实现如下。

```
import torch
import torch.nn as nn
import torch.nn.functional as F

class AttentionModule(nn.Module):
    def __init__(self, in_channels, out_channels):
        super(AttentionModule, self).__init__()
        self.conv1 = nn.Conv2d(in_channels, out_channels, kernel_size=3, padding=1)
        self.relu = nn.ReLU(inplace=True)
        self.conv2 = nn.Conv2d(out_channels, 1, kernel_size=1)

    def forward(self, x):
        x = self.conv1(x)
        x = self.relu(x)
        x = self.conv2(x)
        attention_weights = torch.sigmoid(x)
        return attention_weights

class SegmentationModelWithAttention(nn.Module):
    def __init__(self, segmentation_model, attention_module):
        super(SegmentationModelWithAttention, self).__init__()
        self.segmentation_model = segmentation_model
        self.attention_module = attention_module
```

```
    def forward(self, x):
        # 获取分割模型的输出
        segmentation_output = self.segmentation_model(x)

        # 计算注意力权重
        attention_weights = self.attention_module(segmentation_output)

        # 将注意力权重应用于分割结果
        focused_output = segmentation_output * attention_weights

        return focused_output
# 示例使用
# 假设已有一个预训练的图像分割模型
pretrained_segmentation_model = ... # 预训练的分割模型
in_channels = ... # 分割模型的输出通道数
out_channels = ... # 自定义的输出通道数

# 创建注意力模块实例
attention_module = AttentionModule(in_channels, out_channels)

# 创建带注意力模块的分割模型
model_with_attention = SegmentationModelWithAttention(pretrained_segmentation_
model, attention_module)

# 创建一个示例输入
input_tensor = torch.randn(1, 3, 224, 224) # 假设输入尺寸为 [batch_size, channels,
height, width]

# 前向传播
output = model_with_attention(input_tensor)
```

在这个代码实现中，AttentionModule 定义了一个简单的注意力模块，它使用卷积层生成注意力权重矩阵。SegmentationModelWithAttention 是一个结合了分割模型和注意力模块的封装器，它首先使用分割模型得到分割结果，然后应用注意力模块来计算注意力权重，最后将这些权重逐元素地乘以分割结果。所计算的注意力权重的值在 0 和 1 之间，这样可以有效地放大或抑制特定区域的分割响应。

第二种方法是在图像分割模型的输入层之后，添加一个焦点区域识别模块，用于生成焦点区域的掩码，然后将掩码与原始图像相乘，得到焦点区域的图像，再将其输入图像分割模型中，得到焦点区域的分割结果。这种方法的优点是可以在分割模型之前筛选出焦点区域的图像，减少无关信息的干扰，同时可以减少计算量和内存消耗，提高分割模型的效率。焦点区域识别模块可以是任何能够生成掩码的结构，如 SENet、选择性卷积核网络（selective kernel network, SKNet）、高效通道注意力网络（efficient channel attention network, ECANet）等。掩码的尺寸与原始图像的尺寸相同，每个元素的值表示对应像素是否属于焦点区域，值为 1 表示是，值为 0 表示否。掩码与原始图像逐元素相乘，可以保留焦点区域的图像信息，去除非焦点区域的图像信息，从而提高分割模型的输入质量。这种方法的缺点是需要额外的输入或者网络结构生成掩码，增加了模型的复杂度。在具体的实现上，可以先定义一个焦点区域识别模块，然后使用该模块生成掩码，并将掩码与原始图像逐元素相乘，最后将处理后的图像输入图像分割模型中。其代码示例如下。

```
import torch
import torch.nn as nn
import torch.nn.functional as F

class FocusAreaModule(nn.Module):
    def __init__(self, in_channels, out_channels):
        super(FocusAreaModule, self).__init__()
        self.conv = nn.Conv2d(in_channels, out_channels, kernel_size=3, padding=1)
        self.sigmoid = nn.Sigmoid()

    def forward(self, x):
        x = self.conv(x)
        mask = self.sigmoid(x)
        return mask
```

```
class SegmentationModelWithFocusArea(nn.Module):
    def __init__(self, segmentation_model, focus_area_module):
        super(SegmentationModelWithFocusArea, self).__init__()
        self.segmentation_model = segmentation_model
        self.focus_area_module = focus_area_module

    def forward(self, x):
        # 生成焦点区域的掩码
        focus_mask = self.focus_area_module(x)

        # 将掩码应用于原始图像
        focused_input = x * focus_mask

        # 使用处理后的图像进行分割
        segmentation_output = self.segmentation_model(focused_input)

        return segmentation_output
# 示例使用
# 假设已有一个预训练的图像分割模型
pretrained_segmentation_model = ... # 预训练的分割模型
in_channels = ... # 输入图像的通道数
out_channels = ... # 自定义的输出通道数，通常与输入通道数相同

# 创建焦点区域模块实例
focus_area_module = FocusAreaModule(in_channels, out_channels)

# 创建带焦点区域模块的分割模型
model_with_focus_area = SegmentationModelWithFocusArea(pretrained_
segmentation_model, focus_area_module)

# 创建一个示例输入
input_tensor = torch.randn(1, in_channels, 224, 224) # 假设输入尺寸为 [batch_size,
channels, height, width]
# 前向传播
output = model_with_focus_area(input_tensor)
```

在上面的代码中，FocusAreaModule 定义了一个焦点区域识别模块，使用卷积层和 sigmoid 激活函数生成二值掩码。SegmentationModelWith

FocusArea 是一个结合了分割模型和焦点区域识别模块的封装器。它首先使用焦点区域识别模块生成掩码，然后将掩码应用于输入图像，最后使用处理后的图像进行分割。

这种方法可以在进入分割网络之前就筛选出重要的焦点区域，减少模型处理不相关信息的负担。

第 6 章　图像分割模型训练策略与融合优化

6.1　多尺度特征融合技术在提高图像分割准确性中的作用

多尺度特征融合技术是一种提高图像分割性能的重要技术，它可以利用不同尺度的特征信息增强模型对图像的全局和局部的感知能力。多尺度特征融合技术可以在不同的网络层级、不同的空间位置、不同的通道维度等方面进行特征的融合，从而提高特征的表达能力和判别能力。

6.1.1　FPN

FPN 是一种针对目标检测和语义分割任务的特征金字塔网络，它可以在卷积神经网络的基础上构建一个多尺度的特征表示，用于目标检测和语义分割等任务。FPN 的主要思想是利用自下而上和自上而下两个路径，以及横向连接，来融合不同层级的特征，使每一层级的特征都具有丰富的语义信息和高分辨率的细节信息。下面分别介绍 FPN 的三个组成部分：自下而上路径、自上而下路径和横向连接。

1. 自下而上路径

这是卷积神经网络的前向传播过程，特征图经过卷积层和池化层的计算，逐渐变小，但是语义信息逐渐丰富。FPN 选择每个阶段的最后一层的输出作为特征金字塔网络的参考集，这些特征图相对于输入图像具有不同的缩放比例，例如 {4，8，16，32} 倍。以 ResNet 为例，FPN 使用了每个阶段的最后一个残差块的输出，表示为 {$C2$，$C3$，$C4$，$C5$}，作为自下而上路径的输出。这些输出分别对应着 ResNet 的 conv2、conv3、conv4 和 conv5 的输出，并且它们相对于输入图像具有 {4，8，16，32} 像素的步长。而考虑到内存占用，没有将 conv1 包含在特征金字塔中。

2. 自上而下路径

这是 FPN 的一个创新之处，它通过上采样的方式，将高层的特征传递到低层，从而使低层的特征也能获得高层的语义信息。FPN 使用了最近邻上采样，将高层的特征图放大两倍，然后与下一层的特征图进行融合。比如，将 $C5$ 上采样放大两倍，得到 $P5$，然后将 $P5$ 与 $C4$ 融合，得到 $P4$，依次类推，直到得到最细粒度的特征图 $P2$。最近邻上采样是一种简单的上采样方法，它不涉及任何插值或反卷积操作，而是直接复制相邻的像素值。该融合的过程是通过元素级的相加操作实现的，因此需要保证两个特征图的尺寸和通道数相同。

3. 横向连接

这是 FPN 的另一个创新之处，它通过添加额外的卷积层和元素级的相加操作，来实现不同层级的特征的融合。横向连接的作用是使上层的特征能够接收来自下层的高分辨率的细节信息，从而提高特征的质量。横向连接的步骤如下：首先，对自下而上路径的每一层的输出，都进行一个 1×1 的卷积，来降低通道数，使其与上采样后的特征图的通道数相同；然后，将上采样后的特征图和 1×1 卷积后的特征图进行元素级的相加，得到融合后的特征图；最后，对融合后的特征图进行一个 3×3 的卷积，消除上采样带来的混叠效应，得到最终的特征金字塔的输出。FPN 将特征金字塔的输出表示为 $\{P2, P3, P4, P5\}$，并且使所有层的通道数保持为 256。1×1 的卷积的作用是将自下而上路径的每一层的输出降维至 256，以便与上采样后的特征图相加。这也起到了缓冲的作用，防止梯度直接影响自下而上的主干网络。3×3 的卷积的作用是平滑融合后的特征图，消除上采样可能带来的棋盘状的伪影。

要实现 FPN 的网络结构，首先需要一个预训练的卷积神经网络（例如 ResNet）作为自下而上路径的基础，然后添加自上而下的路径和横向连接。在下面的例子中，将展示以 PyTorch 和 ResNet 为基础网络来实现 FPN。

首先导入必要的库并定义 FPN 中使用的一些辅助函数。

```
import torch
import torch.nn as nn
import torch.nn.functional as F
from torchvision.models import resnet50 # 使用 ResNet50 作为示例

def upsample_and_add(x, y):
    """ 上采样并与另一个特征图融合 """
    _, _, H, W = y.size()
    x_upsampled = F.interpolate(x, size=(H, W), mode='nearest')
return x_upsampled + y
```

接下来定义 FPN 网络结构，具体功能实现见代码注释。

```
class FPN(nn.Module):
    def __init__(self, backbone):
        super(FPN, self).__init__()
        # 使用 ResNet 的前四层作为自下而上路径的基础
        self.backbone = nn.Sequential(*list(backbone.children())[:-2])

        # 获取 ResNet 的不同阶段的输出通道数
        c2_size, c3_size, c4_size, c5_size = 256, 512, 1024, 2048
        # 横向连接 1 × 1 卷积层
        self.lat_layer1 = nn.Conv2d(c5_size, 256, kernel_size=1, stride=1, padding=0)
        self.lat_layer2 = nn.Conv2d(c4_size, 256, kernel_size=1, stride=1, padding=0)
        self.lat_layer3 = nn.Conv2d(c3_size, 256, kernel_size=1, stride=1, padding=0)
        self.lat_layer4 = nn.Conv2d(c2_size, 256, kernel_size=1, stride=1, padding=0)

        # 3 × 3 卷积层平滑每个融合的特征图
        self.smooth1 = nn.Conv2d(256, 256, kernel_size=3, stride=1, padding=1)
        self.smooth2 = nn.Conv2d(256, 256, kernel_size=3, stride=1, padding=1)
        self.smooth3 = nn.Conv2d(256, 256, kernel_size=3, stride=1, padding=1)
        self.smooth4 = nn.Conv2d(256, 256, kernel_size=3, stride=1, padding=1)

    def forward(self, x):
        # 自下而上路径
        c1, c2, c3, c4, c5 = [x] + list(self.backbone(x))
```

```
        # 自上而下路径和横向连接
        p5 = self.lat_layer1(c5)
        p4 = self.lat_layer2(c4) + F.interpolate(p5, scale_factor=2, mode='nearest')
        p3 = self.lat_layer3(c3) + F.interpolate(p4, scale_factor=2, mode='nearest')
        p2 = self.lat_layer4(c2) + F.interpolate(p3, scale_factor=2, mode='nearest')

        # 平滑融合后的特征图
        p4 = self.smooth1(p4)
        p3 = self.smooth2(p3)
        p2 = self.smooth3(p2)

        return p2, p3, p4, p5

# 实例化 FPN 网络
backbone = resnet50(pretrained=True)
fpn = FPN(backbone)

# 示例输入
input_tensor = torch.randn(1, 3, 224, 224)

# 前向传播
p2, p3, p4, p5 = fpn(input_tensor)
```

6.1.2 双重注意力网络

双重注意力网络（dual attention network, DANet）是一种用于场景分割的双重注意力网络，是基于注意力机制的特征融合方法。它引入了两个注意力机制，一个是空间注意力机制，用于选择图像中的关键区域；另一个是通道注意力机制，用于选择关键通道。DANet 可以增强特征图对不同位置和不同语义信息的感知，进一步提高语义分割的性能。DANet 主要包括以下几个组成部分。

1. 主干网络

DANet 使用去掉下采样操作的扩张 ResNet 作为主干网络，通过在最后两个 ResNet 块中使用空洞卷积，将输出特征图的大小从输入图像的 1/32 降低到 1/8，从而保留更多的空间信息。主干网络的输出特征图记为 A，其形状为 $C \times H \times W$，其中，C 是通道数，H 和 W 是高度和宽度。

2. 空间注意力模块

这个模块用于捕获特征图中任意两个位置之间的空间依赖，即对于每个位置的特征，都通过所有位置的特征的加权求和来更新。权重由两个位置的特征的相似性决定，因此相似的特征可以相互增强，而不受它们之间的距离的影响。空间注意力模块的工作过程如下。

第一步，对特征图 A 分别进行三个 1×1 的卷积，得到三个特征图 B、C 和 D，它们的形状都是 $C \times H \times W$，其中 C 是降维后的通道数，通常取原通道数的 1/8。

第二步，将 B、C 和 D 分别整形（reshape）为 $C \times N$，其中 $N=H \times W$，即将每个特征图展平为一个矩阵，每一列对应一个位置的特征向量。

第三步，将 B 转置为 $N \times C$，然后与 C 相乘，得到一个 $N \times N$ 的矩阵 $\boldsymbol{S}$，其中 $\boldsymbol{S}$ 的每个元素表示两个位置的特征的点积。对 $\boldsymbol{S}$ 的每一行进行 softmax 操作，得到一个空间注意力图，其中每个元素表示一个位置对另一个位置的影响程度。

第四步，将 $\boldsymbol{S}$ 转置为 $N \times N$，然后与 D 相乘，得到一个 $C \times N$ 的矩阵 $\boldsymbol{E}$，其中 $\boldsymbol{E}$ 的每一列表示一个位置的特征经过空间注意力加权后的结果。

第五步，将 $\boldsymbol{E}$ 整形为 $C \times H \times W$，然后乘以一个尺度系数 α，再与 A 相加，得到空间注意力模块的输出，其形状也是 $C \times H \times W$。其中，α 是一个可学习的参数，用于控制空间注意力的强度。

3. 通道注意力模块

这个模块用于捕获特征图中任意两个通道之间的通道依赖，即对于每个通道的特征，都通过所有通道的特征的加权求和来更新。权重由两个通道的特征的相似性决定，因此相关的通道可以相互强调，而不受它们之间的顺序的影响。通道注意力模块的工作过程如下。

第一步，对特征图 A 进行整形和转置，得到一个 $N \times C$ 的矩阵 $\boldsymbol{F}$，其中 $N=H \times W$，即将每个通道的特征展平为一个向量，每一行对应一个通道的特征向量。

第二步，将 $\boldsymbol{F}$ 相乘，得到一个 $C \times C$ 的矩阵 $\boldsymbol{G}$，其中 $\boldsymbol{G}$ 的每个元素表示两个通道的特征的点积。对 $\boldsymbol{G}$ 的每一行进行 softmax 操作，得到一个通道注意力图，其中每个元素表示一个通道对另一个通道的影响程度。

第三步，将 $\boldsymbol{G}$ 与 $\boldsymbol{F}$ 相乘，得到一个 $N \times C$ 的矩阵 $\boldsymbol{H}$，其中 $\boldsymbol{H}$ 的每一行表示一个通道的特征经过通道注意力加权后的结果。

第四步，将 $\boldsymbol{H}$ 转置和整形为 $C \times H \times W$，然后乘以一个尺度系数 β，再与 A 相加，得到通道注意力模块的输出，其形状也是 $C \times H \times W$。其中，β 是一个可学习的参数，用于控制通道注意力的强度。

4. 特征融合

为了进一步提高特征的表达能力，DANet 将空间注意力模块和通道注意力模块的输出按元素相加，得到最终的特征图，其形状是 $C \times H \times W$。然后，对最终的特征图进行一个 1×1 的卷积，将通道数降为类别数，再进行双线性上采样，将特征图的大小恢复为输入图像的大小，得到最终的分割结果。

实现 DANet 的网络结构需要定义空间注意力模块和通道注意力模块，然后将它们整合到一个完整的语义分割网络中。以下是使用 PyTorch 框架实现 DANet 的代码。

首先，定义空间注意力模块。

```
import torch
import torch.nn as nn
import torch.nn.functional as F
from torchvision.models import resnet50
# 使用 ResNet50 作为主干网络

class SpatialAttentionModule(nn.Module):
    def __init__(self, in_channels):
        super(SpatialAttentionModule, self).__init__()
        self.conv1 = nn.Conv2d(in_channels, in_channels // 8, 1)
        self.conv2 = nn.Conv2d(in_channels, in_channels // 8, 1)
        self.conv3 = nn.Conv2d(in_channels, in_channels, 1)
        self.alpha = nn.Parameter(torch.zeros(1))

    def forward(self, x):
        n, c, h, w = x.size()
        x_proj = self.conv1(x).view(n, -1, h * w)
        x_proj_T = x_proj.permute(0, 2, 1)
        x_proj = self.conv2(x).view(n, -1, h * w)
        S = torch.bmm(x_proj, x_proj_T)
        attention_map = F.softmax(S, dim=-1)
        x_proj = self.conv3(x).view(n, -1, h * w)
        x_out = torch.bmm(x_proj, attention_map.permute(0, 2, 1))
        x_out = x_out.view(n, c, h, w)
        return self.alpha * x_out + x
```

其次，定义通道注意力模块。

```
class ChannelAttentionModule(nn.Module):
    def __init__(self, in_channels):
        super(ChannelAttentionModule, self).__init__()
        self.beta = nn.Parameter(torch.zeros(1))

    def forward(self, x):
        n, c, h, w = x.size()
        x_proj = x.view(n, c, -1)
```

```
        x_proj_T = x_proj.permute(0, 2, 1)
        x_proj = torch.bmm(x_proj, x_proj_T)
        attention_map = F.softmax(x_proj, dim=-1)
        x_out = torch.bmm(attention_map, x_proj)
        x_out = x_out.view(n, c, h, w)
        return self.beta * x_out + x
```

最后，将这些模块集成到 DANet 中。

```
class DANet(nn.Module):
    def __init__(self, num_classes):
        super(DANet, self).__init__()
        # 使用去掉下采样操作的扩张 ResNet 作为主干网络
        self.backbone = resnet50(pretrained=True)
        self.backbone = nn.Sequential(*list(self.backbone.children())[:-2])
        in_channels = 2048  # ResNet50 的最后一个阶段的通道数

        self.spatial_attention = SpatialAttentionModule(in_channels)
        self.channel_attention = ChannelAttentionModule(in_channels)
        self.final_conv = nn.Conv2d(in_channels, num_classes, 1)
        self.upsample = nn.Upsample(scale_factor=8, mode='bilinear', align_
corners=True)

    def forward(self, x):
        x = self.backbone(x)

        x_spatial = self.spatial_attention(x)
        x_channel = self.channel_attention(x)

        x = x_spatial + x_channel

        x = self.final_conv(x)
        x = self.upsample(x)

        return x
```

除了上面所列举的 FPN、DANet，多尺度特征融合技术还包括

ASPP、SENet、全局上下文网络（global context network, GCNet）、路径聚合网络（path aggregation network, PANet）、空间金字塔池化网络（spatial pyramid pooling network, SPP-Net）、金字塔场景解析网络（pyramid scene parsing network, PSP-Net）等，它们在不同的任务和场景中都有广泛的应用。

6.2 数据增强策略在提升图像分割模型泛化能力中的应用

数据增强策略是一种通过对原始数据进行变换或合成，以增加数据量和提高多样性的方法。它可以有效地缓解数据不足的问题，提高模型的鲁棒性和泛化能力。数据增强策略可以分为有监督的数据增强和无监督的数据增强两大类。

6.2.1 有监督的数据增强

有监督的数据增强是指采用预设的数据变换规则，在已有数据的基础上进行数据的扩增，包含单样本数据增强和多样本数据增强两种方法。单样本数据增强是指增强一个样本的时候，全部围绕着该样本本身进行操作，包括几何变换类和颜色变换类等。几何变换类是指对图像进行几何变换，包括翻转、旋转、裁剪、变形、缩放等各类操作，这些操作可以改变图像的位置、方向、大小和形状，但不会改变图像的内容和语义。颜色变换类是指对图像进行颜色变换，包括模糊、颜色扰动、擦除、填充等各类操作，这些操作可以改变图像的亮度、对比度、色彩、清晰度和完整度，但不会改变图像的结构和语义。多样本数据增强是指利用多个样本来产生新的样本，包括人工少数类过采样法（synthetic minority oversampling technique, SMOTE）、SamplePairing 方法、mixup 方法等。SMOTE 是一种通过人工合成新样本来处理样本不平衡问题的方法。它是基于插值的方法，可以为小样本类合成新的样本，主要流程是对每一个小样本类样本，按欧氏距离找出 K 个最近邻样本，从中随机选取一个样本点，然后在两个样本点之间的连线段上随机选取一点作为新样本点。SamplePairing 方法较简单，即从训练集中随机抽取两张图片，对它们进行基础的数据增强操作处理后，将两张图片的像素值取平均值来合成一个新的样本，标签为原样本标签中的一种。这种方法对于医学图像有效。mixup 方法是一种使用线性插值得到新样本数据的方法，它使用一个随机系数 λ，将两个样本的图像和标签分别进行加权平均，得到一个新的样本。这种方法可以减小深度学习模型在多个任务上的泛化误差，降低模型对已损坏标签的记忆，增强模型对对抗样本的鲁棒性和训练生成对抗网络的稳定性。

以 mixup 方法为例，假设已经有了一些图像分割任务的样本数据和对应的标签。

```
import torch
import numpy as np

def mixup_data(x, y, alpha=1.0):
    """
    对输入的图像和标签应用 mixup
    :param x: 输入图像
    :param y: 对应的标签
    :param alpha: mixup 的参数，控制插值程度
    :return: mixup 后的图像和标签
    """
    if alpha > 0:
        lam = np.random.beta(alpha, alpha)
    else:
        lam = 1
```

```
    batch_size = x.size()[0]
    index = torch.randperm(batch_size).to(x.device)

    mixed_x = lam * x + (1 - lam) * x[index, :]
    mixed_y = lam * y + (1 - lam) * y[index, :]
    return mixed_x, mixed_y

# 假设 x_train 和 y_train 分别是图像数据和分割标签的 Tensor
# x_train: [batch_size, channels, height, width]
# y_train: [batch_size, height, width] ( 假设是单通道标签 )
x_train = torch.randn(32, 3, 256, 256)  # 示例图像数据
y_train = torch.randint(0, 2, (32, 256, 256))  # 示例标签数据

# 应用 mixup
mixed_x, mixed_y = mixup_data(x_train, y_train, alpha=1.0)
```

在上面的代码实现中，mixup_data 函数接收输入图像 x、对应的标签 y 以及控制插值程度的参数 alpha，该函数首先生成一个介于 0 到 1 之间的插值系数 lam，然后随机选择一批图像进行混合，mixed_x 和 mixed_y 分别是混合后的图像和标签。

mixup 方法通过线性插值方式使模型在训练过程中学习到更加平滑的决策边界，从而提高对新数据的泛化能力。mixup 方法还有助于减少模型对于错误标签的依赖，提高了模型对对抗样本的鲁棒性。在实际应用中，可以根据具体任务调整 alpha 参数以获得最佳效果。

6.2.2　无监督的数据增强

无监督的数据增强是指不依赖预设的数据变换规则，而是通过模型学习数据的分布或者数据增强的策略，生成新的数据或者优化数据的扩增过程，包括生成新的数据和学习增强策略两种方法。生成新的数据是指模型通过学习数据的分布，随机生成与训练数据集分布一致的图片。

其代表方法是生成对抗网络，它是一种由生成器和判别器组成的对抗模型，生成器的目标是生成尽可能真实的图片，判别器的目标是尽可能区分真实图片和生成图片。通过交替训练，生成器可以逐渐提高生成图片的质量，判别器可以逐渐提高判别图片的准确度，最终达到一个平衡状态，生成器可以生成与真实图片分布一致的图片。学习增强策略是指模型学习适合当前任务的数据增强方法。其代表方法是 AutoAugment，即自动增强，它是一种通过自动机器学习来搜索数据增强策略的方法。它可以根据不同的数据集和任务，找到最优的数据增强策略，包括变换的类型、参数和概率等。它使用了强化学习的方法，将数据增强策略的搜索视为一个控制问题，使用一个控制器来生成数据增强策略，使用一个子网络来评估数据增强策略的效果。通过不断迭代，控制器可以生成越来越好的数据增强策略。

下面以 AutoAugment 为例，通过代码展示无监督的数据增强对于图像分割模型泛化能力的提升。由于完整实现 AutoAugment 的过程涉及复杂的强化学习，这里将使用一个简化版本。示例中将采用一系列预定义的数据增强方法，并在训练时随机应用它们。

```
import torchvision.transforms as transforms
import torchvision.transforms.functional as TF
import random

class AutoAugmentTransform:
    def __init__(self):
        self.transforms = [
            transforms.ColorJitter(brightness=0.5),
            transforms.ColorJitter(contrast=0.5),
            transforms.ColorJitter(saturation=0.5),
            transforms.RandomHorizontalFlip(),
            transforms.RandomVerticalFlip(),
            transforms.RandomRotation(30)
        ]
```

```
    def __call__(self, image, mask):
        # 随机应用变换
        for t in self.transforms:
            if random.random() > 0.5:
                image = t(image)
                # 对于分割任务应避免对 mask 应用颜色变换
                if not isinstance(t, transforms.ColorJitter):
                    mask = TF.rotate(mask, angle=-30) if isinstance(t, transforms.
RandomRotation) else t(mask)
        return image, mask

# 创建 AutoAugmentTransform 实例
auto_augment = AutoAugmentTransform()

# 假设 x_train 和 y_train 分别是图像数据和分割标签的 Tensor
# x_train: [batch_size, channels, height, width]
# y_train: [batch_size, height, width]（假设是单通道标签）
x_train = torch.randn(32, 3, 256, 256)  # 示例图像数据
y_train = torch.randint(0, 2, (32, 256, 256))  # 示例标签数据

# 应用 AutoAugment
for i in range(x_train.size(0)):
    x_train[i], y_train[i] = auto_augment(x_train[i], y_train[i])
```

在这段代码中，AutoAugmentTransform 类定义了一系列可能的数据变换，包括颜色抖动、水平翻转、垂直翻转和旋转等。在 __call__ 方法中随机选择是否应用这些变换。对于图像分割任务，需要确保图像和对应的掩码以相同的方式被变换。

该代码只是一个简单展示，效果不如基于强化学习来搜索最优数据增强策略的技术 AutoAugment，但随机应用一系列增强变换仍然是一种有效的方式，可以模拟数据增强策略的搜索过程。

6.3 迁移学习和半监督学习在低资源图像分割中的应用

低资源图像分割是指在有限的标注数据下进行图像分割的任务，这是一种常见的实际场景。低资源图像分割的主要困难在于如何充分利用有标注的数据，以及如何有效地利用无标注的数据或其他领域的数据。

6.3.1 迁移学习和半监督学习综述

迁移学习（transfer learning）是一种利用已有的知识来解决新的问题的技术，旨在减少为新任务开发专门模型所需的数据和训练时间。

在迁移学习的方法中，基于模型的方法通常涉及预训练模型的使用。预训练模型是在大规模数据集上训练的，例如图像识别中常用的 ImageNet 数据集。这些模型已经学会了一些通用特征，可以被迁移到新的、特定的任务中。在基于模型的方法中，常用的策略有两种：特征提取和微调。特征提取以预训练模型为固定的特征提取器，然后基于提取的特征训练一个新的分类器。微调会调整或更新预训练模型的权重，使其更好地适应新任务。

基于数据的迁移学习方法着眼于数据层面。这种方法将来自不同但相关领域的数据引入训练过程，或使用合成数据来提升数据集的多样性，扩大数据集的规模，从而改善模型在新任务中的表现。比如，在医学图像处理领域，由于高质量的有标注的数据通常难以获取，研究人员可能会使用合成图像或从其他医学图像任务中转移数据来扩展数据集。

迁移学习的优势在于它能够显著减少数据需求，缩短训练时间，同时提高模型在特定任务上的性能。这对于解决数据稀缺或计算资源有限的问题是非常有效的。但是，迁移学习也面临一些挑战，如领域不匹配

（domain mismatch）和负迁移（negative transfer），在应用迁移学习时这些问题需被谨慎处理。

半监督学习是一种同时利用有标注数据和无标注数据来训练模型的技术。在很多实际应用场景中，获取大量有标注的数据往往成本高昂或不可行，而无标注数据相对容易获得。半监督学习正是在这种背景下发展起来的，旨在利用大量的无标注数据来增强模型的学习效果，尤其适用于资源有限的情况。

基于生成模型的半监督学习方法主要通过对数据分布的建模来实现。这种方法假设数据无论有无标注，都是由同一个生成过程产生的。常见的生成模型包括高斯混合模型和变分自编码器。在这些模型中，可以使用最大似然估计或变分推断等技术来优化模型参数，从而使模型能够更好地捕捉数据的内在结构。在此基础上，模型可以更准确地完成有监督的学习任务，例如分类或回归。

基于判别模型的半监督学习方法直接关注预测数据的标签，这类方法的核心在于找到利用无标注数据来辅助有标注数据的有效方式。一种常见的策略是自训练（self-training），模型首先在有标注数据上进行训练，然后用训练好的模型对无标注数据进行预测，把一些自信度高的预测结果作为伪标签再次用于训练；另一种策略是协同训练（co-training），它通常在数据有多个视图（view）的情况下使用，每个视图被一个单独的模型学习，并相互协助以提高整体性能。对比学习（contrastive learning）和一致性正则化（consistency regularization）也是近年来流行的方法，特别是在深度学习领域。

半监督学习的挑战之一是如何有效地结合有标注数据和无标注数据，以及如何防止模型在无标注数据上的错误预测导致性能下降。此外，这种学习方法对数据的分布假设非常敏感，不恰当的假设可能导致模型性能下降。

6.3.2 在低资源图像分割中的应用

1. 迁移学习

迁移学习可以在低资源图像分割中发挥作用，主要有以下几种方法。

（1）基于预训练模型的微调。这种方法是将一个在大规模数据集上预训练好的深度神经网络，如 ResNet、VGG 等，作为图像分割模型的初始参数或骨干网络，在目标数据集上进行微调，调整网络的参数或添加新的层。由于预训练模型已经在大量的图像上学习了丰富的特征，因此能够帮助新模型更快地收敛，同时提高其在特定任务上的性能。

微调的过程通常包括在目标数据集上对网络参数进行调整。这涉及修改网络的某些层，或者在预训练网络的基础上添加新的层以更好地适应特定的任务。在图像分割任务中，微调通常指在预训练网络的基础上添加特定的上采样层或分割层，以适应像素级别的分类任务。

微调与其他技术结合可以进一步提升模型的性能，比如可以结合双重超分辨率学习方法，这样不仅可以实现图像分割，也能实现图像的超分辨率重建。这两个任务的实现可以使模型在分割任务中得到高质量的图像细节，从而提高了分割精度（一般情况下可以提升 2% ～ 3%）。

基于预训练模型的微调方法在实际应用中的优势在于它大幅减少了对大量有标注的数据的需求，同时在保证较高性能的基础上加快了模型训练过程。这使它在数据有限或者计算资源受限的情况下尤其有用。然而，这种方法也存在一些挑战，比如如何选择合适的预训练模型，以及如何平衡预训练层和新添加层之间的学习速率，以避免过拟合或欠拟合等问题。

（2）基于元学习的小样本学习。基于元学习的小样本学习方法是一种利用已有的多个任务来学习如何快速适应新任务的方法。它的核心思想是在元训练阶段，模拟小样本学习的场景，构造多个支持集和查询集，训练一个元模型或元参数，使其能够在少量梯度更新后达到较高的泛化性能。在元测试阶段，给定一个新任务的支持集和查询集，使用元模型或元参数进行初始化，然后进行少量梯度更新，得到一个适应新任务的模型。

具体来说，基于元学习的小样本学习方法可以分为三类：基于优化的方法、基于模型的方法和基于度量的方法。

基于优化的方法的目标是找到一个合适的元参数，使模型面对新任务时只需进行少量梯度更新就可以快速适应。例如，为了找到一个合适的元参数，使模型快速适应新任务，与模型无关的元学习（model-agnostic meta-learning, MAML）采用二阶梯度下降思想，在多个任务上进行梯度更新，而 Reptile 方法基于一阶梯度下降思想，在多个任务上进行梯度更新。

基于模型的方法的目标是学习一个元模型，其可以根据新任务的支持集生成一个适应新任务的模型。比如，半分离式不确定性对抗学习（semi-separated uncertainty adversarial learning for universal domain adaptation, SNAIL）使用一个深度神经网络，结合注意力机制和时序卷积，将支持集中的图像和标签作为输入，输出一个新任务的分类器。潜在的嵌入优化算法（latent embedding optimization, LEO）则使用一个编码 - 解码结构，将支持集中的图像和标签编码为一个低维的隐变量，然后通过一个解码器和一个元学习器，将隐变量解码为一个新任务的模型参数。

基于度量的方法的目标是学习一个度量空间，使在该空间中，相同类别的图像距离更近，不同类别的图像距离更远。例如，ProtoNet 方法使用一个卷积神经网络，将支持集和查询集中的图像映射到一个高维空间，然后计算查询集中的图像与支持集中每个类别的原型（该类别图像的均值）的距离，并进行分类。RelationNet 方法则使用一个关系网络，将支持集和查询集中的图像映射到一个高维空间，然后计算查询集中的图像与支持集中每个图像的关系得分，并进行分类。

（3）基于对抗学习的领域自适应。基于对抗学习的领域自适应方法是一种利用生成对抗网络，寻找一个既适用于源域又适用于目标域的可迁移特征的方法。这种方法的核心思想是训练一个生成器和一个判别器，使生成器能够生成与真实数据难以区分的数据，判别器能够区分真实数据和生成数据。在领域自适应中，对抗学习的目的是使判别器无法区分源域和目标域的特征，从而实现特征的对齐。

基于对抗学习的领域自适应方法可以分为三个步骤。

生成器训练：在训练过程中，生成器接收一个随机噪声作为输入，然后通过一系列的神经网络层将这个噪声转化为一个数据样本。生成器的训练目标是最小化生成数据与真实数据之间的差异。

判别器训练：在训练过程中，判别器接收一个数据样本作为输入，然后通过一系列的神经网络层将这个数据样本转化为一个概率值，表示这个数据样本是真实数据的概率。判别器的训练目标是最大化真实数据和生成数据被正确分类的概率。

特征对齐：这一步通常通过最小化源域特征和目标域特征在判别器上的输出差异来实现。

循环生成对抗网络（cycle-generative adversarial network, CycleGAN）、循环一致的对抗性领域适应（cycle-consistent adversarial domain adaptation, CyCADA）等方法便是基于对抗学习的领域自适应方法的典型代表，它们可以在不同的领域之间进行图像风格转换和语义一致性保持，从而提高图像分割的性能。

2. 半监督学习

半监督学习使用大量的无标注数据和少量的有标注数据来训练模型。在低资源图像分割中，半监督学习可以有效地利用无标注的图像数据，提高图像分割的性能。半监督学习的方法主要包括以下几种。

（1）自训练。自训练的核心在于同时利用有标签数据和无标签数据来训练模型，通过这种方式扩展训练数据集，提高图像分割的性能。自训练的过程如下。

第一步是使用有标注数据训练出一个初始模型，这个模型通常基于 CNN，因为 CNN 能够有效地捕捉图像的局部特征和空间信息。一旦有了这个初始模型，就可以用模型对无标注数据进行预测，生成伪标注。这个预测过程涉及将无标注数据输入模型，并根据模型的输出计算每个像素的类别概率，然后通过设定一个阈值来确定每个像素的类别，生成伪标注。

第二步是更新模型，即将那些预测自信度高的无标注数据（现在带有伪标注）加入训练集，并在这个扩展的数据集上重新训练模型。更新过程中，模型通过反向传播和梯度下降等机制调整参数，以减小预测误差。这个步骤中的关键点是如何选择和使用伪标注数据，因为伪标注可能导致模型性能下降。

第三步是反复迭代，每次迭代都会更新模型，并产生新的、更准确的伪标注。迭代过程一直持续到模型收敛，即模型的参数不再有显著变化或者达到了预设的性能标准。

（2）基于图的方法。基于图的方法首先将数据表示为图的形式，其中节点代表数据，边代表数据之间的相似度，然后通过图的标注传播或者图切割等方法，将有标注数据的标注传播到无标注数据，实现无标注数据的分类，具体实现过程如下。

第一步需要定义相似度度量，一般用径向基函数（radial basis function, RBF）来定义。

$$s(x_i,\ x_j) = \exp(-\frac{\| x_i - x_j \|^2}{2\sigma^2}) \tag{6-1}$$

式中：$s(x_i,x_j)$ 表示一个标量值，为 0 ～ 1，相似度越高，值越接近 1，相似度越低，值越接近 0； exp 表示自然指数函数，它是一种单调递减的函数，也就是说，当输入值越大时，输出值越小，反之亦然；

$\| x_i - x_j \|^2$ 表示数据点 x_i 和 x_j 之间的欧氏距离的平方，用来衡量数据点之间的空间距离，距离越大，相似度越低，反之亦然；$2\sigma^2$ 表示高斯函数的方差的两倍，它是一个正的常数，用于控制高斯函数的宽度，方差越大，高斯函数越宽，即相似度的衰减速度越慢，方差越小，高斯函数越窄，即相似度的衰减速度越快。这个函数可以让相似度随着距离的增加而迅速减小。

第二步构建图，一般可以用 k 近邻（k-nearest neighbor, kNN）或者 e 邻域（e-neighborhood）的方法来构建。kNN 方法是对于每个数据点，找到与其最近的 k 个数据点，并用边连接起来。e 邻域方法是对于每个数据点，找到与其距离小于 e 的所有数据点，并用边连接起来。

第三步进行图的标注传播或者图切割。图的标注传播是一种迭代的过程，它不断地更新无标注数据点的标注，使其与其相邻的标注趋于一致。图的标注传播的公式如下。

$$f_i^{(t+1)} = (1-\alpha)\sum_{j=1}^{n} w_{ij} \boldsymbol{f}_i^{(t)} + \alpha \boldsymbol{y}_i \qquad (6\text{-}2)$$

式中：$\boldsymbol{f}_i^{(t)}$ 表示第 t 次迭代后数据点 x_i 的标签向量；$\boldsymbol{y}_i$ 表示数据点 x_i 的初始标签向量，如果 x_i 是有标注数据点，那么 $\boldsymbol{y}_i$ 是一个只有一个元素为 1，其余为 0 的向量，表示其所属的类别，如果 x_i 是无标注数据点，那么 $\boldsymbol{y}_i$ 是一个全为 0 的向量；w_{ij} 表示数据点 x_i 和 x_j 之间的相似度；α 表示平衡因子，控制初始标注和相邻标注的影响程度。

（3）基于熵的正则化。基于熵的正则化通过最小化模型对无标注数据的预测熵来增强模型预测输出的确定性。预测熵是一种衡量模型预测输出的确定性的指标，它反映了模型对不同类别的概率分布的混乱程度。预测熵越小，表示模型对无标注数据的预测越确定，越接近单峰的分布；预测熵越大，表示模型对无标注数据的预测越不确定，越接近均匀的分布。

基于熵的正则化的具体做法是在模型的损失函数中加入一个熵的正则项，用来惩罚模型对无标注数据的预测熵。模型在训练过程中，不仅要在有标注数据上最小化分类误差，还要在无标注数据上最小化预测熵，从而提高模型的确定性和一致性，其数学表达式如下

$$L(\theta) = L_{\text{sup}}(\theta) + \lambda L_{\text{ent}}(\theta) \tag{6-3}$$

式中：$L(\theta)$ 表示总的损失函数；θ 表示模型的参数；$L_{\text{sup}}(\theta)$ 表示有监督的损失函数，通常是交叉熵损失；$L_{\text{ent}}(\theta)$ 表示熵正则化的损失函数，通常是模型对无标注数据的预测熵的平均值；λ 表示一个超参数，用来控制熵正则化的权重。

基于熵的正则化的优点是它可以利用无标注数据的信息来增强模型的泛化能力，同时避免了为无标注数据添加伪标注的过程，减少了噪声的影响。但是，它可能会导致模型过于确定，忽略了数据的多样性和不确定性，从而降低了模型的灵活性和适应性。

6.4　多模型融合与模型集成

6.4.1　多模型融合与模型集成综述

多模型融合与模型集成是机器学习领域中解决复杂任务和提高模型性能的一个重要方法。多模型融合是将多个不同模型的输出以某种方式组合，目的是利用这些模型的互补性，提高预测的准确性和稳定性。模型集成则是将多个不同模型作为一个整体来训练和优化，以构建一个更强大的模型，其目的是增强模型的泛化能力和鲁棒性。

这两种方法都旨在解决单一模型在处理复杂任务时的局限性问题，

如过拟合、欠拟合、噪声敏感和数据稀疏等问题。这两种方法的应用非常广泛，覆盖了自然语言处理、计算机视觉、推荐系统和生物信息学等多个领域。

多模型融合与模型集成的优势主要体现在以下几个方面：一是这两种方法可以提高模型的泛化能力，结合不同模型可以降低整体模型的偏差和方差，从而提升其在未知数据上的表现力；二是这两种方法增强了模型的鲁棒性，互补的不同模型能够帮助抵抗噪声和干扰，提高模型在各种干扰数据上的表现力；三是这两种方法能够提高模型的性能，结合不同模型的优势，可以增强模型的功能和效率，尤其是在处理复杂或多变的数据时。

6.4.2 多模型融合与模型集成的实现方法

多模型融合与模型集成的实现方法分为两大类：模型无关的方法和基于模型的方法。

1. 模型无关的方法

模型无关的方法是指不直接依赖特定的深度学习模型，而是利用一些简单的策略将不同模型的结果或特征进行结合，以得到一个更好的模型或结果。常用的模型无关的方法有以下几种。

（1）加权平均法。根据不同模型的性能或可信度，给予不同的权重，然后将多个模型的输出进行加权平均，以得到最终的输出。比如，如果模型 A 的准确率是 80%，模型 B 的准确率是 70%，那么让模型 A 的输出乘以 0.8，让模型 B 的输出乘以 0.7，然后相加，得到最终的输出。

（2）投票法。根据多个模型的输出，进行投票，以得到最终的输出。假设模型 A、B、C 的输出分别是 1、1、0，那么可以采用多数投票的方式，得到最终的输出为 1。投票法可以分为硬投票和软投票，硬投票是直接根据模型的输出进行投票，软投票是根据模型的输出概率进行加权投票。

（3）堆叠法。将多个模型的输出作为新的特征，输入另一个模型中，以得到最终的输出。假设模型 A、B、C 的输出分别是 1、0、1，那么可以将这三个输出作为新的特征，输入模型 D 中，得到最终的输出。堆叠法可以分为多层堆叠和单层堆叠。多层堆叠是指将多个模型的输出作为新的特征，再输入其他模型中，形成多层的结构。单层堆叠是指只进行一次堆叠。

2. 基于模型的方法

基于模型的方法通过利用深度学习模型解决多模态融合问题，通过设计合适的模型结构，实现不同模型的有效融合。常用的基于模型的方法有以下几种。

（1）基于核的方法。利用核函数将不同模型的特征映射到一个高维的特征空间中，然后在高维空间中进行融合，以得到最终的输出。假设模型 A、B 的特征分别是 x_A 和 x_B，那么可以利用核函数 $k(x_A,\ x_B)$ 将它们映射到高维空间中，然后在高维空间中进行线性或非线性的融合，得到最终的输出。

（2）图像模型方法。利用图像模型，如 CNN 或生成对抗网络，将不同模型的特征或输出转换为图像形式，然后在图像空间中进行融合，以得到最终的输出。假设模型 A、B 的输出分别是一张人脸图像和一张风格图像，那么可以利用生成对抗网络将人脸图像和风格图像进行风格迁移，最终输出一张具有风格的人脸图像。

（3）神经网络方法。利用神经网络，如多层感知器或循环神经网络，将不同模型的特征或输出作为输入，然后在神经网络中进行融合，以得到最终的输出。假设模型 A、B 的输出分别是一段文本和一段语音，那么可以利用循环神经网络将文本和语音进行编码，得到两个隐藏状态，然后在循环神经网络中进行融合，得到最终的输出。

模型无关的方法的优点是简单易实现，不需要额外的训练，可以快速地得到结果；缺点是不能充分利用不同模型的特性，可能存在信息冗余或损失，融合效果有限，适用于模型性能相近、特征或输出维度相同、数据量较小的情况。

相对地，基于模型的方法的优点是能够充分利用不同模型的特性，实现深度的融合，提高融合效果；缺点是复杂难实现，需要额外的训练，计算开销大，适用于模型性能差异大、特征或输出维度不同、数据量较大的情况。

第 7 章　卷积神经网络图像分割模型的具体应用

7.1　卷积神经网络图像分割模型在气液两相流中的应用①

气液两相流是指气体和液体同时存在并相互作用的流动现象，它在冶金工业中直接影响着冶炼的效率和炉子的寿命。例如，在转炉炼钢中，气液两相流主要发生在氧气和熔融钢之间，氧气的喷射和分散会促进钢中杂质的氧化和去除，提高钢的质量和产量，同时会影响炉内的温度分布和热损失，进而影响炉子的使用寿命。

为了优化冶金过程，需要对气液两相流的流动和传递特性进行准确的表征和分析。其中，气泡的识别是一个关键的问题，因为气泡的大小、形状、数量、分布和运动状态等参数决定了气液两相流的传热效率和传质效率。然而，气液两相流的复杂性，如流型的多样性、流场的不稳定性、相间的相互作用等，导致气泡的识别具有很大的挑战性，传统的测量方法如探针法、电容法、电阻法等，往往难以满足实际应用的要求。

随着数字图像技术的发展，利用高速摄影机配合图像处理技术对气液两相流进行可视化和定量分析的方法逐渐成为一种有效的手段。这种方法可以直观地观察和记录气液两相流的流动现象，通过对图像进行处理和分析，可以提取气泡的各种参数，从而对气液两相流的流动和传递特性进行深入的研究。

① 崔子良，句媛媛，刘冬冬，等.基于深度卷积神经网络的气液两相流图像分割方法 [J]. 计算机应用，2023，43（增刊 1）：217–223.

7.1.1 相关技术与实验素材

1. 图像噪声与去噪

图像分割的效果往往受到图像中噪声的影响，噪声是指存在于图像中的不必要的干扰信息，它会降低图像的质量，导致分割结果的不准确。因此，图像分割之前或之后通常需要对图像进行去噪处理，即去除或减少图像中的噪声，保留或增强图像中的有效信息。

图像中的噪声有多种来源和类型，例如传感器噪声、传输噪声、量化噪声、脉冲噪声等。不同类型的噪声有不同的概率分布和特征，因此需要选择合适的降噪方法来处理。

本实验主要采用以下四种去噪方法，即各向异性扩散滤波器（anisotropic diffusion filter）、中值滤波器（median filter）、全变差滤波器（total variation filter）和非局部均值滤波器（non-local means filter）。

（1）各向异性扩散滤波器。该方法是一种基于偏微分方程的图像去噪方法，其思想是根据图像的局部特征，控制图像中每个像素的扩散速率，使图像中的边缘和细节得以保留，而噪声和模糊得以消除。该方法的数学表达式为

$$\frac{\partial I}{\partial t}=div(c(x,\ y,\ t)\nabla I) \tag{7-1}$$

式中：I 表示图像的灰度值；t 表示扩散时间；$c(x,\ y,\ t)$ 表示扩散系数；∇ 表示梯度算子；div 表示散度算子。扩散系数 $c(x,\ y,\ t)$ 决定了该方法的性能，$c(x,\ y,\ t)$ 与图像的梯度大小成反比，即图像某处的梯度较大，说明该处是边缘或细节，扩散系数较小，扩散速率较慢，保留图像信息；图像某处的梯度较小，说明该处是平滑区域或噪声，扩散系数较大，扩散速率较快，平滑图像噪声。常用的扩散系数函数有以下几种。

$$c(x,\ y,\ t)=\mathrm{e}^{-\frac{(\nabla I)^2}{K^2}} \tag{7-2}$$

$$c(x, y, t)=\frac{1}{1+\frac{(\nabla I)^2}{K^2}} \tag{7-3}$$

$$c(x, y, t)=\frac{K}{K^2+(\nabla I)^2} \tag{7-4}$$

式中：K 表示一个控制参数，一般取值为 [10，30]。求解上述偏微分方程，可以采用有限差分法，将图像离散化为网格，然后用以下迭代公式进行更新。

$$I_{i,j}^{k+1}=I_{i,j}^{k}+\lambda(c_{i+1,j}^{k}(I_{i+1,j}^{k}-I_{i,j}^{k})+c_{i-1,j}^{k}(I_{i-1,j}^{k}-I_{i,j}^{k})+ c_{i,j+1}^{k}(I_{i,j+1}^{k}-I_{i,j}^{k})+c_{i,j-1}^{k}(I_{i,j-1}^{k}-I_{i,j}^{k})) \tag{7-5}$$

式中：$I_{i,j}^{k}$ 表示第 k 次迭代后，第 i 行第 j 列的像素值；λ 表示一个步长参数，一般取值为 [0.1，0.25]；$c_{i,j}^{k}$ 表示第 k 次迭代后，第 i 行第 j 列的扩散系数。

对于各向异性扩散滤波器，迭代过程中的扩散系数 $c_{i,j}^{k}$ 可采用前述的任一函数来计算。选择合适的 $c_{i,j}^{k}$ 函数对保留图像的边缘和细节以及消除噪声至关重要。在实际应用中，通常需要根据图像的具体特点和处理需求调整 K 和 λ 的值，以达到最佳的去噪效果。

此外，为了降低偏微分方程求解的计算复杂度，可以引入一个时间步长 Δt，对迭代公式进行适当修改。时间步长的选择需要权衡迭代的收敛速度与稳定性，过大的时间步长可能导致计算不稳定，而过小的时间步长会增加迭代次数。

改进后的迭代公式可以表示为

$$I_{i,j}^{k+1}=I_{i,j}^{k}+\Delta t\cdot\lambda(c_{i+1,j}^{k}(I_{i+1,j}^{k}-I_{i,j}^{k})+c_{i-1,j}^{k}(I_{i-1,j}^{k}-I_{i,j}^{k})+ c_{i,j+1}^{k}(I_{i,j+1}^{k}-I_{i,j}^{k})+c_{i,j-1}^{k}(I_{i,j-1}^{k}-I_{i,j}^{k})) \tag{7-6}$$

（2）中值滤波器。中值滤波器是一种非线性滤波器，它将图像中每个像素的灰度值替换为其邻域内的中值。中值滤波器可以有效地去除图像中的椒盐噪声，同时保持图像的边缘和细节的完整。中值滤波器不像均值滤波器那样简单地对邻域内像素的灰度值求平均，而是将邻域内所有像素的灰度值进行排序，然后取中值作为输出。这种方法在去除噪声的同时能较好地保留图像的边缘和细节。

中值滤波器通常应用于灰度图像或彩色图像的每个颜色通道。其核心步骤为先定义一个邻域窗口（如 3×3、5×5），然后在图像的每个像素上滑动这个窗口。对于窗口内的每个像素，计算其邻域内的像素值的中值，并将该中值赋给窗口中心的像素。这种方法可以有效地去除那些强度变化明显的噪声，如随机出现的白点或黑点。

（3）全变差滤波器。全变差滤波器是一种非线性滤波器，它基于图像的全变差（total variation, TV）来平滑图像。全变差是图像的梯度的范数，它可以衡量图像的复杂度或清晰度。全变差滤波器的目标是最小化图像的全变差，同时保留图像的边缘和重要特征。全变差滤波器可以有效地去除噪声，同时保留图像的锐利度和结构。全变差滤波器主要利用梯度下降法、牛顿法、快速傅里叶变换、快速小波变换等方法实现其功能。

（4）非局部均值滤波器。非局部均值滤波器是一种基于图像的自相似性的滤波器，它利用了自然图像中的每个小块都存在关联的事实。与均值滤波器对邻域内的所有像素求和再平均的方法不同，它先在整幅图像中寻找相似的图像块，再根据图像块的相似度赋予其不同的权值，以实现图像去噪。非局部均值滤波器可以在滤除噪声的同时将图像的细节特征进行最大限度的保留。非局部均值滤波器可以使用高斯加权、欧氏距离等方法实现其功能。

2. 实验素材与数据

本实验采用一个直接接触式换热实验装置来采集实验数据，该装置包括一个水平圆形管道系统、一个气体供给系统、一个液体供给系统、一个压力测量系统、一个流量测量系统和一个图像采集系统。其通过调节气体和液体的流量生成不同的气液两相流流型，如层状流、波状流、泡状流、弹状流、环状流等。图像采集系统使用了一台高速摄像机，采集了换热过程中的气液两相流图像，每张图像的分辨率为 1280 × 720 像素，样本集共包含 500 张图像。

3. 模型选择

本实验所采用的比照组传统图像分割模型为以下几种：最大方差法、最小误差法、最大熵法、K 均值聚类、模糊 C 均值聚类、马尔可夫随机场、分水岭算法、活动轮廓算法、边缘检测法。

所测试的基于深度学习的图像分割模型为下面几种：FCN、U-Net、SegNet、DeepLab V3+、ResUNet-a。

7.1.2　人工合成图像实验

1. 图像生成实现

人工合成图像实验的目的是比较不同的图像去噪和图像分割方法的性能，以及分析 DCNN 的训练过程和参数选择。图像的生成方法如下：首先，随机生成一张背景图像，其灰度值服从均匀分布，范围为 [0，255]；然后，随机生成若干个圆形气泡，半径服从正态分布，均值为 10 像素，标准差为 2 像素，其灰度值为 255；最后，将气泡随机放置在背景图像上，如果气泡之间有重叠，就将重叠区域的灰度值设为 255。这样就得到了一张包含气泡的合成图像，其代码实现如下。

```
import numpy as np
import matplotlib.pyplot as plt

# 生成背景图像，大小为 256 × 256，灰度值服从均匀分布
background = np.random.randint(0, 256, size=(256, 256))
```

```
# 生成气泡，数量为 10，半径服从正态分布，均值为 10，标准差为 2，灰度值为
255
bubbles = []
for i in range(10):
    # 生成气泡的半径
    radius = np.random.normal(10, 2)
    # 生成气泡的圆心坐标
    x = np.random.randint(radius, 256 - radius)
    y = np.random.randint(radius, 256 - radius)
    # 生成气泡的像素矩阵
    bubble = np.zeros((256, 256))
    for i in range(256):
        for j in range(256):
            # 如果像素点到圆心的距离小于半径，就将其灰度值设为 255
            if np.sqrt((i - x) ** 2 + (j - y) ** 2) < radius:
                bubble[i, j] = 255
    # 将气泡添加到列表中
    bubbles.append(bubble)

# 将气泡放置在背景图像上，如果有重叠，就将重叠区域的灰度值设为 255
synthetic_image = background.copy()
for bubble in bubbles:
    # 将气泡和背景图像相加，如果结果大于 255，就将其设为 255
    synthetic_image = np.minimum(synthetic_image + bubble, 255)
# 显示合成图像
plt.imshow(synthetic_image, cmap='gray')
plt.show()
```

此外，还要在图像中加入人工高斯噪声以模拟实际情况。为此可以生成一个与背景图像大小相同的噪声矩阵，然后将这个噪声矩阵加到合成图像上。高斯噪声通常通过指定均值和标准差生成。在此例中可以选择一个较小的标准差，使噪声不会完全掩盖图像的细节。下面是添加高斯噪声的代码。

```
# 添加高斯噪声
mean = 0
std = 10  # 可以调整标准差来改变噪声的强度
gaussian_noise = np.random.normal(mean, std, synthetic_image.shape)
synthetic_image_with_noise = synthetic_image + gaussian_noise
synthetic_image_with_noise = np.clip(synthetic_image_with_noise, 0, 255)  # 确保像素值在 0 到 255 之间
```

在代码中，标准差参数 std 控制噪声的强度，其值越大，噪声越强。np.clip 函数用于确保加入噪声后的像素值为 0 ～ 255。

2. 去噪性能比对

各滤波器的去噪效果对比如图 7-1 所示。

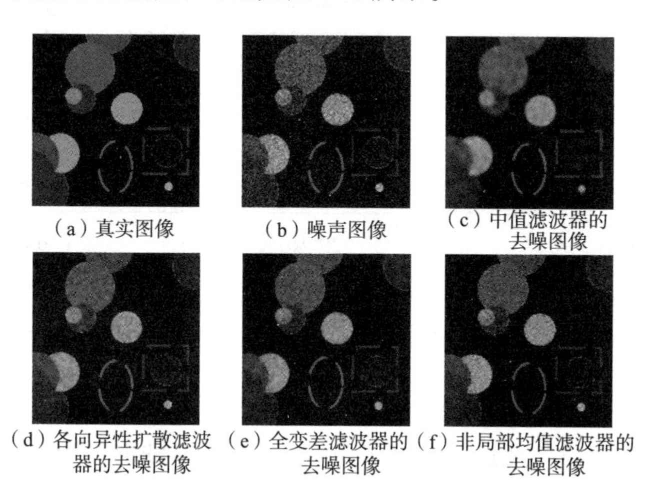

（a）真实图像
（b）噪声图像
（c）中值滤波器的去噪图像
（d）各向异性扩散滤波器的去噪图像
（e）全变差滤波器的去噪图像
（f）非局部均值滤波器的去噪图像

图 7-1　各滤波器的去噪效果对比[①]

从图 7-1 中可以直观看出，中值滤波器 [图 7-1（c）] 可以有效地保留气泡边缘，但是对于高度重叠的气泡，其分割效果不佳，容易出现

① 崔子良，句媛媛，刘冬冬，等. 基于深度卷积神经网络的气液两相流图像分割方法 [J]. 计算机应用，2023，43（增刊 1）：217-223.

气泡的合并或断裂。

各向异性扩散滤波器 [图 7–1（d）] 可以有效地去除噪声，但是对气泡边缘的保留效果较差，容易出现气泡的模糊或变形。

全变差滤波器 [图 7–1（e）] 可以有效地平滑图像，但是对气泡边缘的保留效果较差，容易出现气泡的模糊或变形。

非局部均值滤波器 [图 7–1（f）] 可以有效地去除噪声，同时保留气泡边缘的清晰度，对于高度重叠的气泡，其分割效果较好，能够较好地保留气泡的完整性和形状。

这四种滤波器对气泡图像的去噪量化评价指标如表 7–1 所示。

表7–1　去噪量化评价指标

滤波器	峰值信噪比（PSNR）	结构相似性（SSIM）
中值滤波器	30.15	0.87
各向异性扩散滤波器	29.81	0.86
全变差滤波器	29.76	0.86
非局部均值滤波器	31.02	0.89

根据表 7–1 中的数据也可以得出相同的结论，非局部均值滤波器的 PSNR 和 SSIM 值均最高，说明其去噪性能最优，能够最大限度地保留图像的质量和结构。

3. 图像分割性能比对

分割结果的评价指标包括以下四种。

（1）像素精确度（pixel accuracy, PA）。PA 是较简单的评估标准之一。它计算的是所有被正确分类的像素占总像素的比例。具体来说，它是所有类别中正确分类的像素总数与图像中所有像素总数的比值。其公式表示为

$$\text{PA}=\frac{\sum_{i}^{n}TP_i+TN_i}{\sum_{i}^{n}TP_i+TN_i+FP_i+FN_i} \tag{7-7}$$

式中：TP_i、TN_i、FP_i和FN_i分别表示第i类的真正例、真负例、假正例和假负例的数量；n表示类别的总数。PA主要关注整体的像素分类准确性。

（2）平均像素精确度（mean pixel accuracy, MPA）。MPA是PA的一个变体，它分别计算每个类别的分类精度，然后取其平均值。这样做可以减少大类别对总精度的影响，使小类别的准确性也得到关注。其公式表示为

$$\text{MPA}=\frac{1}{n}\sum_{i=1}^{n}\frac{TP_i}{TP_i+FP_i+FN_i} \tag{7-8}$$

式中：TP_i、FP_i和FN_i分别表示第i类的真正例、假正例和假负例的数量；n表示类别的总数。MPA更能反映模型在每个类别上的分类准确度。

（3）平均交并比（mean intersection over union, MIoU）。MIoU是图像分割中较常用的评价标准之一。它计算的是每个类别预测区域与真实区域的交集与并集的比值的平均值。MIoU对每个类别都进行评估，并取平均值，从而能平衡不同类别大小的影响。其公式表示为

$$\text{MIoU}=\frac{1}{n}\sum_{i=1}^{n}\frac{TP_i}{TP_i+FP_i+FN_i} \tag{7-9}$$

式中：TP_i、FP_i和FN_i分别表示第i类的真正例、假正例和假负例的数量；n表示类别的总数。

（4）频率加权交并比（frequency weighted intersection over union, FWIoU）。FWIoU是MIoU的一个变体，它在计算每个类别的IoU时，还考虑了每个类别在图像中出现的频率。这意味着频率更高的类别对总

评分的影响更大。其公式表示为

$$\mathrm{FWIoU}=\left(\sum_{i=1}^{n}freq_i\right)^{-1}\sum_{i=1}^{n}freq_i\cdot\frac{TP_i}{TP_i+FP_i+FN_i} \tag{7-10}$$

式中：$freq_i$ 表示第 i 类在所有图像中占的比例，TP_i、FP_i 和 FN_i 分别表示第 i 类的真正例、假正例和假负例的数量；n 表示类别的总数。

图像分割效果量化评价如表 7–2 所示。

表7–2　图像分割效果量化评价

单位：%

模型类型	模型名称	PA	MPA	MIoU	FWIoU
传统图像分割模型	最大方差法	96.7	91.0	88.9	93.6
	最小误差法	88.5	69.0	62.7	79.0
	最大熵法	89.5	75.6	70.0	81.2
	K 均值聚类	49.3	49.2	44.4	46.5
	模糊 C 均值聚类	51.3	51.0	46.2	48.3
	马尔可夫随机场	24.3	50.1	13.7	11.2
	分水岭算法	80.5	49.4	49.4	80.5
	活动轮廓算法	55.9	63.3	48.1	50.2
	边缘检测法	81.7	51.5	42.5	68.0
基于深度学习的图像分割模型	FCN	98.5	96.9	95.1	97.1
	U-Net	99.7	99.2	99.0	99.5
	SegNet	99.8	99.6	99.2	99.6
	DeepLab V3+	98.3	95.4	93.9	96.7
	ResUNet-a	90.8	91.8	84.7	86.2

从表 7–2 中可以看出，基于深度学习的图像分割模型在精度上明显优于传统图像分割模型。在两个对照组中，表现最优的分别是 U-Net（基于深度学习的图像分割模型）和最大方差法（传统图像分割模型）。U-Net 在 PA、MPA、MIoU 和 FWIoU 上的表现均优于最大方差法，特别是在 MIoU 和 FWIoU 上的表现更是接近完美，在 4 项指标上分别高了 3.0、8.2、10.1、5.9 个百分点。U-Net 的优势在于其深度学习架构能够学习复杂的特征表示，有效处理各种图像变化，而最大方差法基于阈值分割，主要适用于图像对比度高、前后景差异明显的情况。最大方差法在处理具有复杂背景或低对比度的图像时性能会下降，而 U-Net 通过学习数据的深层次特征，能够更好地处理这些情况。

表现最差的图像分割模型是马尔可夫随机场。其性能不佳的原因主要有两点。第一，该方法依赖模型的参数设置，对初始参数非常敏感。不恰当的参数设置会导致分割效果差，且参数调整过程复杂，对非专业用户不友好。第二，马尔可夫随机场在处理具有噪声或复杂纹理的图像时效果不佳，这是因为它依赖像素间的局部相关性假设，无法有效捕捉全局信息。因此，该模型在复杂图像的分割任务中表现不佳。

7.1.3　基于真实图像的图像分割实验

本实验分别使用 5 种基于深度学习的图像分割模型对样本集进行图像分割，具体成效如图 7–2 所示。

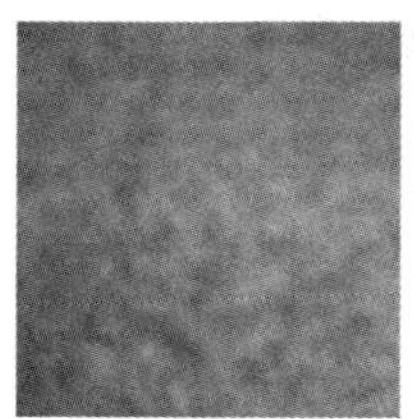

（a）真实图像

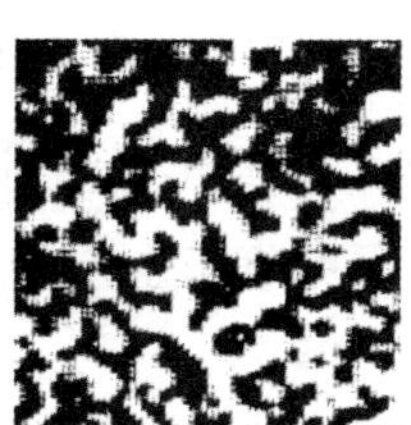

（b）FCN分割结果

（c）U-Net分割结果

图 7–2　基于深度学习的图像分割模型对真实图像的分割效果

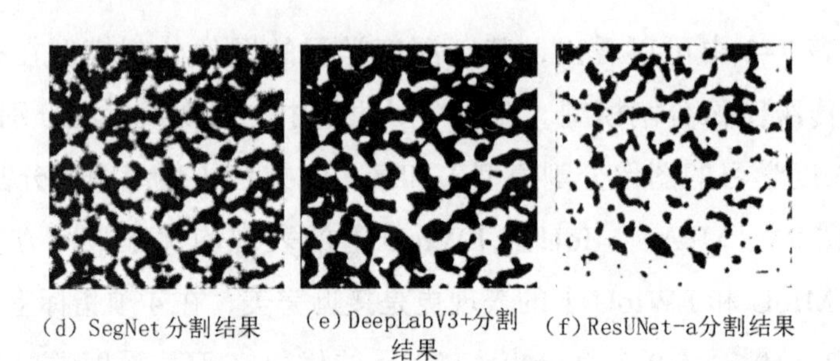

（d）SegNet 分割结果 （e）DeepLabV3+分割结果 （f）ResUNet-a分割结果

图 7-2 基于深度学习的图像分割模型对真实图像的分割效果（续）

1. FCN 模型

FCN 模型的分割结果显示了较多的碎片化区域和噪点，这可能是由于该模型在特征提取的下采样过程中丢失了一部分细节信息 [图 7-2（b）]。FCN 模型在空间信息的上采样重建过程中，没有有效地利用上下文信息，导致分割边界不够平滑，这在小气泡的识别上尤为明显。

2. U-Net 模型

U-Net 模型的分割结果呈现了更加连续和平滑的边界 [图 7-2（c）]，这得益于其特有的对称结构和跳跃连接，使得该模型在上采样过程中能够有效利用低层的细节信息。U-Net 模型能够准确地分割出气液界面，即使是在气泡大小和形状变化较大的情况下。但是，与其他模型相比，U-Net 模型表现出明显的过分割问题。

3. SegNet 模型

SegNet 模型的分割结果较 FCN 模型有所提升，气泡的边缘更加清晰，但在某些区域仍有连通的气泡被错误地分割为独立气泡 [图 7-2（d）]。这可能是因为 SegNet 模型在解码阶段的上采样过程中使用了池化索引，而这种方法在恢复复杂细节上不如 U-Net 模型的跳跃连接。

4. DeepLab V3+ 模型

DeepLab V3+ 模型展示了较清晰的分割结果，特别是在气液界面的连续性上 [图 7-2（e）]。其采用的空洞卷积可以在不增加计算复杂度的情况下扩大感受野，从而更好地捕捉图像的上下文信息。然而，DeepLab V3+ 模型在处理接近的小气泡时，由于空间分辨率的限制，未能将它们完全区分开。

5. ResUNet-a 模型

ResUNet-a 模型表现出非常严重的过分割现象，气泡内部出现了许多被错误识别的区域（错误的白色区域）[图 7–2（f）]。可能的原因有以下几种：模型未能提取到足够的特征来区分气泡与液体的复杂纹理；模型未能有效地整合足够的局部与全局上下文信息，从而导致无法正确合并属于同一对象的区域；训练数据不足，或者训练图像与测试图像在统计特性上有显著差异，模型无法学习到泛化到新数据的能力。

除了 ResUNet-a 模型，其他模型都在气液两相流图像分割中表现出优秀的图像分割能力。

7.2　卷积神经网络图像分割模型在畜禽养殖中的应用[①]

传统的畜禽养殖业要跟上数字化发展的浪潮同样需要技术上的革新。人工监测的方式在养殖模式改造升级、养殖品质提升等方面存在诸多局限，而基于深度学习的图像分割技术成为推动畜禽养殖业发展的关键技术之一。

7.2.1　在畜禽自动计数中的应用

畜禽计数是指在畜禽养殖过程中对动物进行数量统计，这是畜禽养殖管理中的一个基本且重要的环节。畜禽计数对于监控养殖环境、管理

① 姚超，倪福川，李国亮. 基于深度学习的图像分割在畜禽养殖中的应用研究进展 [J]. 华中农业大学学报，2023，42（3）：39–46.

养殖资源、评估生产效率、确保动物健康都具有重要意义。

在传统的养殖模式中，畜禽计数通常由工作人员手动完成，这种方式耗时耗力，且容易出现错误。随着计算机视觉和深度学习技术的应用，自动化的畜禽计数系统被开发出来，其能够通过摄像头捕获的图像或视频自动识别和计数动物，大幅提高了计数的效率和准确性。

Xu 等人对使用无人机视觉系统和基于深度学习的图像分割技术对牛群自动计数进行了研究，并在公开数据集和自己采集的数据集上进行了训练和测试。①

1. 数据集和模型选择

该研究使用了两个数据集，一个是公开的 COCO 数据集，另一个是研究者自己采集的牛群数据集。COCO 数据集是一个包含 80 个类别、20 多万张图像的大型数据集，其中包含了一些牛的图像。牛群数据集是使用无人机在不同的时间、地点、角度和高度拍摄的牛群图像，共有 1000 张图像，每张图像中的牛的数量从 1 到 50 不等。该研究使用 LabelMe 工具来对牛群数据集进行标注，生成每张图像对应的掩码和边界框。

研究者使用了 Mask R-CNN 作为图像分割模型，Mask R-CNN 是一种基于深度学习和 CNN 的实例分割方法，它可以同时输出每个像素属于哪个类别和哪个对象的信息。Mask R-CNN 由两部分组成：一部分是用于提取图像特征的骨干网络，另一部分是用于进行目标检测和分割的头部网络。在预训练时，研究者选用 ResNet-50 为 Mask R-CNN 的骨干网络，选用 Faster R-CNN 和 FCN 为 Mask R-CNN 的头部网络的组件。

2. 训练和测试

该研究使用 PyTorch 框架来实现 Mask R-CNN 模型，并在 NVIDIA GeForce GTX 1080 Ti GPU 上进行训练。其使用了两个阶段的训练策略，

---

① XU B B，WANG W S，FALZON G，et al. Automated cattle counting using Mask R-CNN in quadcopter vision system[J]. Computers and electronics in agriculture，2020，171：105300.

第一个阶段是在 COCO 数据集上对 Mask R-CNN 进行预训练，第二个阶段是在牛群数据集上对 Mask R-CNN 进行微调。具体的训练参数和方法如下。

（1）优化器。使用 SGD 作为优化器，动量设置为 0.9，权重衰减设置为 0.000 1。

（2）学习率。在预训练阶段，学习率设置为 0.02，在微调阶段，学习率设置为 0.002，并在训练过程中根据验证集的损失进行调整。

（3）批次大小。在预训练阶段，批次大小设置为 8，在微调阶段，批次大小设置为 4。

（4）训练轮数。在预训练阶段，训练轮数设置为 13，在微调阶段，训练轮数设置为 50。

（5）数据增强。为了提高模型的泛化能力和鲁棒性，研究者对训练数据进行了一些数据增强的操作，包括水平翻转、随机裁剪、随机旋转、随机缩放和随机色彩变换等。

（6）测试。使用两个指标来评估模型在测试数据集上的性能，一个是平均精度（average precision, AP），另一个是平均计数误差（average counting error, ACE）。AP 是一种常用的目标检测和分割的评估指标，它反映了模型在不同的置信度阈值（confidence threshold）下的精度和召回率的平均值。ACE 是一种专门用于目标计数的评估指标，它反映了模型预测的目标数量与真实的目标数量之间的平均误差。该研究使用了 COCO 数据集的评估工具来计算 AP 和 ACE，并将 Mask R-CNN 模型与其他基准模型进行了比较。结果表明，Mask R-CNN 模型在 AP 上达到了 90.1%，在 ACE 上达到了 92.3%，均优于其他基准模型。

7.2.2　在畜禽体尺、体质量测量中的应用

畜禽体尺、体质量测量是指对畜禽的身体尺寸和体重进行精确测量的过程。体尺测量包括动物的身长、肩高、胸围等，这些数据可以反映动物

的体型和生长发育状况，在某些情况下，特定的体尺测量（如乳牛的乳房尺寸）还可以用于评估动物的生产潜力。体质量测量即测量动物的体重，体重是评估动物健康和营养状况的关键指标，在生产动物（如肉牛、猪、肉鸡）的养殖中，体重是评估生长效率和市场价值的重要因素。

基于图像处理和深度学习的非接触式测量方法不仅可以提高测量的效率和精度，还能减轻动物的压力和降低可能的伤害风险。

张泽宇等人提出了一种基于 DCNN 的马匹图像分割算法，该算法可以自动地从原始图像中学习有效的特征，并实现对马匹的精确分割。①

1. 数据集和模型选择

研究者在自己构建的马匹图像数据集上进行了实验，该数据集包含了 2150 张不同的马匹图像，每张图像中的马匹数量从 1 到 50 不等，图像的分辨率为 3658 像素 ×2000 像素。该研究将数据集划分为训练集、测试集与验证集，训练集包含了 2000 张图像，测试集包含了 100 张图像，验证集包含了 50 张图像。

该研究使用了一种融合了 DCNN 和全连接 CRF 的语义分割算法，该算法以 Xception 结构为主干，结合了两种类型的神经网络。一方面，该算法引入了含空洞卷积的 ASPP 以及编码－解码结构，以便进行有效的语义分割；另一方面，该算法通过全连接 CRF 来优化分割的边缘细节。

该算法通过空间金字塔池化模块在多个分辨率级别上进行池化操作，从而捕获更加丰富的上下文信息。编码－解码结构不仅概括了物体的大致边界，而且通过顶层特征提供了必要的语义信息。在解码过程中，该算法致力于恢复马匹的详细边界信息。全连接 CRF 通过建立图像中所有像素点的边缘关系来优化全局边缘，有效地去除噪声，并提高分割的精准度。这种方法为在复杂光照条件下对马匹进行精准的语义分割提供了

① 张泽宇，郭斌，张太红. 基于 DCNN 的马匹图像分割算法研究 [J]. 计算机技术与发展，2020，30（10）：210–215.

一种有效的解决方案。

在算法实现层面，该算法首先将马匹图像输入深度卷积网络以进行特征提取。在这个过程中，空洞卷积被用来扩大感受野，在不增加网络参数的同时捕捉更多尺度信息。这种方法同时控制着前向传播过程中计算的特征分辨率。深度分离卷积的应用进一步优化了网络结构。空洞卷积与深度分离卷积结合形成了空洞分离卷积（atrous separable convolution），这一创新显著降低了计算的复杂度。ASPP 模块通过结合多个不同扩张率的深度分离卷积，实现了对多尺度信息的有效提取。马匹图像分割算法结构图如图 7–3 所示。

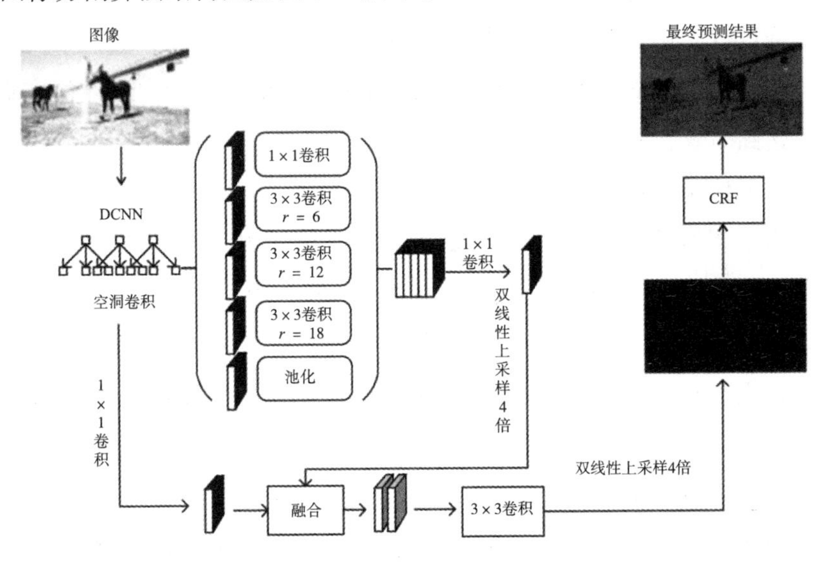

图 7–3　马匹图像分割算法结构图[①]

该算法的具体步骤如下。

（1）图像预处理。对原始马匹图像进行必要的处理，如调整大小、标准化等，以适应后续的处理流程。

① 张泽宇，郭斌，张太红. 基于 DCNN 的马匹图像分割算法研究 [J]. 计算机技术与发展，2020，30（10）：210–215.

（2）建立马匹图像数据集。收集并整理不同条件下的马匹图像，构建一个全面、多样化的数据集。

（3）人工标注。对训练集、验证集和测试集中的图像进行人工标注，确保模型能够学习到准确的特征。

（4）在 DCNN 上进行迁移学习。将已有的深度学习模型作为基础，在其上应用迁移学习，调整模型以适应马匹图像分割任务。

（5）生成语义分割模型并测试。在完成模型训练后，使用测试集来验证模型的性能。

（6）通过全连接 CRF 优化分割边缘。通过全连接 CRF 对分割结果的边缘进行优化，提高分割的准确性和增强其视觉效果。

（7）马匹图像分割结果评价。最后对分割结果进行详细评估，确保模型达到高效、准确的分割效果。

2. 图像预处理

为了提高图像的质量和对比度，减少噪声和干扰，为图像分割提供更好的输入，该研究使用自适应直方图均衡化（adaptive histogram equalization, AHE）对图像进行预处理。AHE 是一种常用的图像增强方法，它可以根据图像的局部特征动态地调整直方图的分布，从而增强图像的细节和对比度。AHE 的基本原理是将图像分割成若干个小区域（tile），对每个小区域计算其直方图，并根据直方图的累积分布函数（cumulative distribution function, CDF）进行均衡化，然后对每个像素进行插值，得到最终的增强图像。AHE 的优点是可以适应不同的图像特征，避免全局直方图均衡化（global histogram equalization, GHE）的过度增强或欠增强的问题，其也存在一些缺点，例如可能导致噪声放大或者图像失真。为了解决这些问题，研究者使用了一种改进的 AHE 方法，即限制对比度自适应直方图均衡化（contrast limited adaptive histogram equalization, CLAHE）。CLAHE 的主要思想是在 AHE 的基础上，对每个小区域的直方图进行限制，即如果直方图中某个灰度级的像素数超过了设定的阈值，则将超过的部分均匀地分配给其他灰度级，从而避免某些灰度级的过度增强或欠增强，增强图像的视觉效果。实验中使用 OpenCV 库中的 CLAHE 函数来实现图像预处理，该函数有两个主要参数：一个是小区域的大小，另一个是阈值。

3. 测试结果

实验结果表明，网络分割效果受空洞卷积中扩张率参数的显著影响。在该实验中，使用的卷积核尺寸固定为 3×3，而不同的 ASPP 模块配置了不同的空洞卷积扩张率参数。扩张率参数的不同配置对网络捕获的上下文信息和感受野大小产生了影响，从而影响最终的分割效果。

ASPP 模块的不同配置如下。

（1）ASPP-8 中扩张率 r 分别为 1、8、16、24。

（2）ASPP-6 中扩张率 r 分别为 1、6、12、18。

（3）ASPP-4 中扩张率 r 分别为 1、4、8、12。

（4）ASPP-2 中扩张率 r 分别为 1、2、4、6。

下面是具体的实验结果分析。

扩张率与感受野：扩张率的选择直接影响着网络的感受野，即网络能够观察到的输入图像的区域大小。较大的扩张率（如在 ASPP-8 中）能够捕获更广阔的上下文信息，但可能导致局部细节信息的丢失。相反，较小的扩张率（如在 ASPP-2 中）更专注局部特征，但可能忽略更大范围的上下文信息。

最佳性能：实验中，ASPP-6 配置的网络经全连接 CRF 处理后显示出最优的性能，其 MIoU 达到了 92.8%。这意味着在该配置下，模型在分割精度上要优于传统的马匹图像分割算法。

7.2.3　在畜禽姿态估计与行为识别中的应用

畜禽姿态估计与行为识别指使用传感器、图像和视频分析技术来检测和跟踪动物的身体部位，从而估计其姿态，该技术可以帮助农场监测动物的健康状况、生长发育和福利。姿态估计数据还可以用于自动识别动物的行为模式，如进食、休息或社交行为。这些信息对于早期识别疾病、提高生产效率和保证动物福利非常有用。随着机器学习和计算机视觉技术的进步，该技术快速发展，被越来越多地应用于实际场景。

比如，Yang 等研究者使用基于深度学习的 FCN 图像分割网络对猪的图像进行分割，并成功依靠算法自动识别母猪的护理（哺乳）行为。[①]

1. 模型选择

该研究采用了一种基于图像分割和运动检测的混合方法来识别母猪的行为。首先使用 FCN 对视频帧进行像素级的图像分割，将母猪和仔猪从背景中分离出来，并提取其空间特征，如面积、形状、位置等。然后使用折外预测（out-of-fold predictions, OOF）对视频帧进行运动分析，计算母猪和仔猪的运动矢量和角度，并提取其时空特征，如速度、加速度、方向等。最后使用支持向量机对母猪的行为进行分类，根据其空间特征和时空特征，将母猪的行为分为哺乳、饮水、喂食、移动、中等活跃和不活跃六种类别。

FCN 可以将输入图像映射到与其尺寸相同的输出图像中，每个像素都有一个类别标签，它的优点是可以同时处理整张图像，而不需要裁剪或滑动窗口，从而提高了分割的效率和精度。FCN 还可以通过跳跃连接结合不同层次的特征，增强了分割的细节和边缘。该研究使用了 FCN-8s 的结构，即将第三、第四和第五个卷积块的输出进行上采样和融合，得到 8 倍放大的分割结果。该研究还对 FCN 进行了改进，推出了 Graph-FCN，其更适用于图结构的数据。Graph-FCN 是一种基于图卷积神经网络

① YANG A Q，HUANG H S，YANG X F，et al. Automated video analysis of sow nursing behavior based on fully convolutional network and oriented optical flow[J]. Computers and electronics in agriculture，2019，167：105048.

（GCN）的图像分割方法，它可以利用图结构的信息，如邻接矩阵和度矩阵，来增强像素之间的关联性和一致性。使用 FCN 及 Graph-FCN 的理由是它们可以有效地分割哺乳母猪的图像，即使在光照变化、母猪颜色不均、仔猪遮挡和重合等复杂条件下，也可以实现高精度的分割。

2. 数据集

该研究使用了一个包含 28 个栏位的猪舍作为实验场景，每个栏位有一头哺乳母猪和若干只仔猪。该研究使用了两个摄像头，分别安装在猪舍的前方和后方，以获取不同角度的视频。该研究收集了 7 天的视频数据，每天从早上 8 点到下午 5 点，每隔 15 分钟拍摄一次视频，每次视频时长为 1 分钟。该研究从视频中提取了每个栏位的 3811 张图像作为训练集，另外从不同栏位的视频中提取了 523 张图像作为测试集。该研究使用了 Caffe 深度学习框架，以 VGG16 为预训练模型，对 FCN 和 Graph-FCN 进行了训练和测试。研究者使用了交叉熵损失函数，SGD 优化器，动量因子为 0.9，权重衰减因子为 0.0005，初始学习率为 0.0001，每隔 10000 次迭代衰减为原来的 0.1，最大迭代次数为 40000。该研究使用了准确率、区域重合度、速度等指标来评估分割的性能，并与其他分割方法进行了对比。

3. 测试结果

实验结果表明，FCN 和 Graph-FCN 都可以实现哺乳母猪的高精度分割，而 Graph-FCN 相比 FCN 有更好的分割效果，尤其是在仔猪遮挡和重合的情况下，Graph-FCN 可以更好地保持图像分割后母猪的完整性和连通性。研究的分割结果如表 7–3 所示。

表7–3 分割结果表

方 法	分割准确率 /%	区域重合度 /%	速度 /（s·幅 $^{-1}$）
图论分割	63.20	63.20	0.12

续 表

方 法	分割准确率 /%	区域重合度 /%	速度 / (s · 幅 $^{-1}$)
水平集分割	68.72	68.72	0.25
FCN	99.28	95.16	0.22
Graph-FCN	99.42	96.32	0.23

从表 7–3 中可以看出，FCN 和 Graph-FCN 的分割准确率和区域重合度高于其他两种方法，而且速度很快，只需 0.22 ～ 0.23s 就可以分割一张图像。这说明 FCN 和 Graph-FCN 都是非常高效的图像分割方法，可以满足实时分割的需求。

研究表明，使用 FCN 和 Graph-FCN 对哺乳母猪的图像进行分割可以实现对哺乳母猪的自动识别和定位，从而为后续的行为分析提供基础。对哺乳母猪的行为进行自动监测和记录，可以及时发现哺乳母猪的异常行为，如缺乏哺乳、过度活跃等，以便采取相应的措施，提高仔猪的存活率和生长速度，降低哺乳母猪的疾病风险和死亡率，提高养猪的效益。

7.2.4 在畜禽群体养殖中的应用

畜禽群体养殖是农业生产中一种常见的养殖方式，即在一定的空间内饲养一群同种或不同种的畜禽。这种养殖方法可以高效地利用资源，提高生产效率，但也需要特别注意疾病管理、环境控制和饲养管理等方面的问题。

借助图像分割技术可以进一步完善自动化养殖系统，为畜禽群体养殖的监控和管理带来便利。

由 Hu 等人基于 FCN 所做的研究充分论证了在自然养殖的条件下，基于深度学习的图像分割模型在有遮挡的情况下依然可以很好地完成图像分割任务。[①]

1. 模型选择

该研究主要使用的是 FCN 以及基于 FCN 思想的常见语义分割模型：U-Net 和 LinkNet。FCN 通过编码 – 解码结构来组织模型，编码器能够有效捕捉上下文信息，解码器有助于恢复位置内容。编码器和解码器之间的信息交换可以通过跳跃连接来实现。通过融合骨干网络的分层特征，编码 – 解码结构逐步增加空间分辨率并恢复缺失的细节。但是，传统的编码 – 解码结构存在两个缺点：一是编码器或解码器中每层的局部特征是独立的，缺乏远程依赖信息；二是同一层的编码器和解码器通过跳跃连接进行简单的线性叠加，没有考虑特征图之间的非线性依赖。为了克服上述两个缺点，本研究引入了上下文注意力块（contextual attention block, CAB）、自注意力块（self-attention block, SAB）、通道 – 空间注意力（channel-spatial attention, CSA），并将它们嵌入 U-Net 和 LinkNet 中。

CAB 主要用于深度学习和计算机视觉领域，它是一种注意力机制模块，通过学习输入特征的上下文信息来提高特征表示的能力。CAB 通常用于 CNN 中，以增强网络对关键特征的识别和处理能力。

SAB 是自注意力机制的一种实现，广泛应用于自然语言处理和计算机视觉中。这种机制允许模型在处理序列数据时考虑整个序列的上下文信息，使模型能够捕捉到长距离依赖关系。SAB 是 Transformer 架构中的一个关键组成部分。

CSA 结合了通道注意力和空间注意力机制，用于增强深度学习模型特别是 CNN 的特征提取能力。通道注意力关注哪些通道是重要的，空间注意力则关注空间位置上的重要特征。结合这两种注意力机制，模型可

① HU Z W，YANG H，LOU T T，et al. Concurrent channel and spatial attention in fully convolutional network for individual pig image segmentation[J]. International journal of agricultural and biological engineering，2023，16（1）：232–242.

以更有效地学习到有用的特征。

2. 数据集

该研究所用的数据集图像来自 JDD-2017 京东金融全球数据探索者大赛（JDD-2017 JD Finance Global Data Explorer Competition）。这个数据集包含了 30 个视频，每个视频只对应一个圈养场景中的猪，每个视频时长大约 1 分钟。在确保每张图像中只有一头猪的前提下，从每个视频中随机截取图像，共获得了 1033 张初始图像，分辨率为 1280 × 720 像素。为了获得更多样化的数据，进行了以下两个步骤的预处理操作。

（1）为了适应后续模型，对从视频中截取的图像进行边缘像素填充。具体来说，在确保 2 ∶ 1 的纵横比的前提下，对图像周围填充白色像素，并将图像分辨率从 1280 × 720 像素改变为 1024 × 512 像素。整个过程如图 7–4（a）和图 7–4（b）所示。为了减少模型计算量和对内存的占用，对 1024 × 512 像素的图像进行了整体缩放操作，最终获得了 1033 张分辨率为 512 × 256 像素的图像。

（2）为了丰富数据集并提高模型的泛化能力，对第一步处理过的图像进行了数据增强操作。操作方法是以一定的概率对每张图像执行 1 ～ 4 次增强操作，共包含以下几种操作：以 50% 的概率值翻转 180°，以 50% 的概率值添加高斯噪声，以 50% 的概率值改变亮度以及随机遮挡图像的一部分，亮度值修改阈值为 0.8 ～ 1.2，大于 1 表示变暗，小于 1 表示变亮。随机遮挡的矩形块的宽度和高度为 50 ～ 100 像素。这个过程如图 7–4（c）和图 7–4（d）所示。经过上述步骤，共获得了 2066 张图像，其中 1346 张用于模型训练，308 张和 412 张分别用于模型验证和测试。

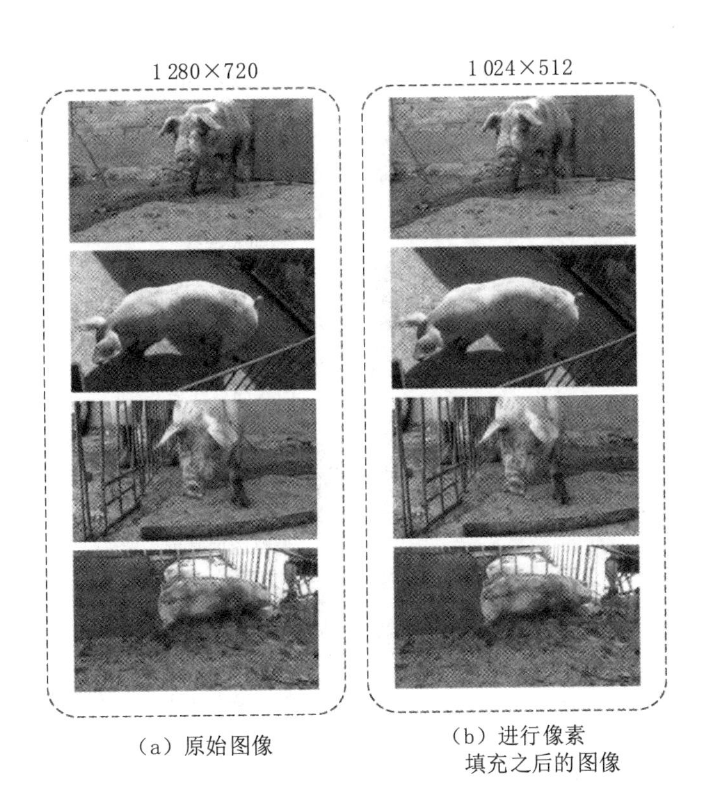

图 7-4　图像预处理[①]

① HU Z W，YANG H，LOU T T，et al. Concurrent channel and spatial attention in fully convolutional network for individual pig image segmentation[J]. International journal of agricultural and biological engineering，2023，16（1）：232-242.

图 7-4　图像预处理（续）①

3. 测试结果

以 ResNeXt50 为编码器，以 U-Net 为解码器，同时添加 CSA 可以使模型在 F1 分数和 IoU 指标上分别达到 98.30% 和 96.71%。与仅添加通道注意力块的模型相比，这两个指标分别提高了 0.13% 和 0.22%。此外，空间注意力比通道注意力更有效。当模型是 VGG16-LinkNet 时，与通道注意力相比，空间注意力在 F1 分数和 IoU 指标上分别提高了 0.16%

① HU Z W，YANG H，LOU T T，et al. Concurrent channel and spatial attention in fully convolutional network for individual pig image segmentation[J]. International journal of agricultural and biological engineering，2023，16（1）：232-242.

和 0.30%。进一步，在解码器的不同层添加注意力块可以使模型随着解码层深度的增加获取更精细的语义信息。更重要的是，单头猪图像分割模型可以转移到更复杂的场景中，为群体养殖的猪场景提供预分割。

单头猪的数据集中主要包括三种场景：正常、被猪圈等杂物遮挡和不均匀照明条件（在许多情况下可能会混合多种场景，对于同时存在多种场景的图像，倾向采用人工分类）。

对于单个数据集，使用注意力块，特别是 CSA 可以正确分割难处理的部分，例如被杂物遮挡的场景。尽管在某些情况下，带有注意力块的模型只是略微提高了分割性能，但在细节处理方面，基于注意力块的模型边缘预测更平滑，猪的轮廓更完整。此外，对于更复杂的场景，光强对结果的影响比被猪圈等杂物遮挡的场景更小。原因在于在预处理部分，引入了对光强数据的增强操作，使模型能够学习光强的知识。CSA 可以选择性地捕获上下文信息，从而显著提高语义分割的一致性。

对于群体养殖数据集，尽管 ResNeXt50-UNet 的训练仅使用了单个数据集，但训练后的模型仍在群体养殖猪的分割上取得了良好效果。具体地说，添加 CSA 块后的模型对远离相机的猪个体有更好的预测性能。在杂物覆盖猪身体的情况下，CSA 可以有效消除杂物对猪其他部分语义信息学习的影响。以上充分证明了带有注意力块的单个图像分割模型可以有效转移到群体养殖领域，为群体养殖提供预分割，并为随后的精细分割提供参考。

参考文献

[1] 丛晓峰，彭程威，章军 . PyTorch 神经网络实战：移动端图像处理 [M]. 北京：机械工业出版社，2022.

[2] 安俊秀，叶剑，陈宏松，等 . 人工智能原理、技术及应用 [M]. 北京：机械工业出版社，2022.

[3] 单建华 . 卷积神经网络的 Python 实现 [M]. 北京：人民邮电出版社，2019.

[4] 魏秀参 . 解析深度学习：卷积神经网络原理与视觉实践 [M]. 北京：电子工业出版社，2018.

[5] 魏祥坡，余旭初，薛志祥 . 卷积神经网络及其在高光谱影像分类中的应用 [M]. 武汉：华中科技大学出版社，2023.

[6] 高敬鹏 . 深度学习：卷积神经网络技术与实践 [M]. 北京：机械工业出版社，2020.

[7] 周浦城，李丛利，王勇，等 . 深度卷积神经网络原理与实践 [M]. 北京：电子工业出版社，2020.

[8] 王晓华 . TensorFlow 2.0 卷积神经网络实战 [M]. 北京：清华大学出版社，2019.

[9] 侯媛彬，杜京义，汪梅 . 神经网络 [M]. 西安：西安电子科技大学出版社，2007.

[10] 顾艳春 . MATLAB R2016a 神经网络设计应用 27 例 [M]. 北京：电子工业出版社，2018.

[11] 刘凡平 . 神经网络与深度学习应用实战 [M]. 北京：电子工业出版社，2018.

[12] 焦李成 . 神经网络系统理论 [M]. 西安：西安电子科技大学出版社，1990.

[13] 刘金琨 . RBF 神经网络自适应控制及 MATLAB 仿真 [M].2 版 . 北京：清华大学出版社，2018.

[14] 王圣军 . 神经网络的动力学 [M]. 西安：西北工业大学出版社，2017.

[15] 王焕清 . 随机非线性系统自适应神经网络控制 [M]. 北京：中国水利水电出版社，2014.

[16] 江永红 . 深入浅出人工神经网络 [M]. 北京：人民邮电出版社，2019.

[17] 刘莉，唐立力 . 神经网络优化算法在高校物业管理服务满意度评价中的应用 [M]. 成都：西南财经大学出版社，2018.

[18] CHEN L C，PAPANDREOU G，KOKKINOS I，et al. Semantic image segmentation with deep convolutional nets and fully connected CRFs[EB/OL].（2015-04-09)[2024-03-21].https://arxiv.org/pdf/1412.7062v3.

[19] CHEN L C，PAPANDREOU G，KOKKINOS I，et al. Deeplab: semantic image segmentation with deep convolutional nets, atrous convolution, and fully connected CRFs[J]. IEEE transactions on pattern analysis and machine intelligence，2018，4（40）：834-848.

[20] CHEN L C，PAPANDREOU G，SCHROFF F，et al. Rethinking atrous convolution for semantic image segmentation [EB/OL].（2017-12-05）[2024-03-21].https://arxiv.org/abs/1706.05587.

[21] BADRINARAYANAN V，KENDALL A，CIPOLLA R. Segnet: a deep convolutional encoder-decoder architecture for image segmentation[J]. IEEE transactions on pattern analysis and machine intelligence，2017，39（12）：2481-2495.

[22] DIAKOGIANNIS F I，WALDNER F，CACCETTA P，et al. ResUNet-a：a deep learning framework for semantic segmentation of remotely sensed data[J]. ISPRS journal of photogrammetry and remote sensing，2020，162：94-114.

[23] XU B B，WANG W S，FALZON G，et al. Automated cattle counting using

Mask R-CNN in quadcopter vision system[J]. Computers and electronics in agriculture，2020，171：105300.

[24] YANG A Q，HUANG H S，YANG X F，et al. Automated video analysis of sow nursing behavior based on fully convolutional network and oriented optical flow[J]. Computers and electronics in agriculture，2019，167：105048.

[25] HU Z W，YANG H，LOU T T，et al. Concurrent channel and spatial attention in fully convolutional network for individual pig image segmentation[J]. International journal of agricultural and biological engineering，2023，16（1）：232–242.

[26] 崔子良，句媛媛，刘冬冬，等. 基于深度卷积神经网络的气液两相流图像分割方法 [J]. 计算机应用，2023，43（增刊 1）：217–223.

[27] 姚超，倪福川，李国亮. 基于深度学习的图像分割在畜禽养殖中的应用研究进展 [J]. 华中农业大学学报，2023，42（3）：39–46.

[28] 张泽宇，郭斌，张太红. 基于 DCNN 的马匹图像分割算法研究 [J]. 计算机技术与发展，2020，30（10）：210–215.

[29] 梅莹，尹艺璐，石称华，等. 基于改进 VGG 卷积神经网络的叶菜霜霉病智能识别算法研究 [J]. 上海蔬菜，2021（6）：76–84.

[30] 徐卫鹏，徐冰. 基于卷积神经网络的轴承故障诊断研究 [J]. 山东科技大学学报（自然科学版），2021，40（6）：121–128.

[31] 张振华，陆金桂. 基于改进卷积神经网络的混凝土桥梁裂缝检测 [J]. 计算机仿真，2021，38（11）：490–494.

[32] 吴昌钱，杨旺功，罗志伟. 基于卷积神经网络的物联网车间生产流程优化 [J]. 南京理工大学学报，2021，45（5）：589–595.

[33] 骆润玫，王卫星. 基于卷积神经网络的植物病虫害识别研究综述 [J]. 自动化与信息工程，2021，42（5）：1–10.

[34] 吴卫贤，赵鸣，黄晓丹. 基于量化和模型剪枝的卷积神经网络压缩方法 [J].

软件导刊，2021，20（10）：78–83.

[35] 王灿，卜乐平. 基于卷积神经网络的目标检测算法综述 [J]. 舰船电子工程，2021，41（9）：161–169.

[36] 马永杰，程时升，马芸婷，等. 卷积神经网络及其在智能交通系统中的应用综述 [J]. 交通运输工程学报，2021，21（4）：48–71.

[37] 陈康，狄贵东，张佳佳，等. 基于改进 U–Net 卷积神经网络的储层预测 [J]. CT 理论与应用研究，2021，30（4）：403–415.

[38] 盖荣丽，蔡建荣，王诗宇，等. 卷积神经网络在图像识别中的应用研究综述 [J]. 小型微型计算机系统，2021，42（9）：1980–1984.

[39] 李炳臻，刘克，顾佼佼，等. 卷积神经网络研究综述 [J]. 计算机时代，2021（4）：8–12，17.

[40] 马世拓，班一杰，戴陈至力. 卷积神经网络综述 [J]. 现代信息科技，2021，5（2）：11–15.

[41] 覃晓，黄呈铖，施宇，等. 基于卷积神经网络的图像分类研究进展 [J]. 广西科学，2020，27（6）：587–599.

[42] 叶舒然，张珍，王一伟，等. 基于卷积神经网络的深度学习流场特征识别及应用进展 [J]. 航空学报，2021，42（4）：524736.

[43] 袁华，陈泽濠. 基于时间卷积神经网络的短时交通流预测算法 [J]. 华南理工大学学报（自然科学版），2020，48（11）：107–113，122.

[44] 严春满，王铖. 卷积神经网络模型发展及应用 [J]. 计算机科学与探索，2021，15（1）：27–46.

[45] 黄健，张钢. 深度卷积神经网络的目标检测算法综述 [J]. 计算机工程与应用，2020，56（17）：12–23.

[46] 蓝金辉，王迪，申小盼. 卷积神经网络在视觉图像检测的研究进展 [J]. 仪器仪表学报，2020，41（4）：167–182.

[47] 林景栋，吴欣怡，柴毅，等. 卷积神经网络结构优化综述 [J]. 自动化学报，

2020，46（1）：24–37.

[48] 曹连雨 . 基于深度卷积神经网络的遥感影像目标检测技术研究及应用 [D]. 北京：北京科技大学，2021.

[49] 薛东辉 . 基于卷积神经网络的道路风险目标检测模型研究与应用 [D]. 南京：南京邮电大学，2021.

[50] 吕方惠 . 基于双流卷积神经网络的动态表情识别研究 [D]. 南京：南京邮电大学，2021.

[51] 彭腾飞 . 基于卷积神经网络的极光图像检索研究 [D]. 南京：南京邮电大学，2021.

[52] 廖理心 . 深度卷积神经网络的增强研究 [D]. 北京：北京交通大学，2021.

[53] 任胜杰 . 基于卷积神经网络的螺栓松动故障诊断研究 [D]. 西安：西安理工大学，2021.

[54] 杜振国 . 卷积神经网络模型压缩方法研究与应用 [D]. 南昌：南昌大学，2021.

[55] 田冠中 . 面向深度卷积神经网络的模型压缩关键技术研究 [D]. 杭州：浙江大学，2021.

[56] 解天舒 . 基于卷积神经网络的 Dropout 方法研究 [D]. 成都: 电子科技大学，2021.

[57] 袁晨晖 . 深度卷积神经网络的迁移学习方法研究与应用 [D]. 南京：南京邮电大学，2020.

[58] 许晓宇 . 基于卷积神经网络的动态手势识别研究 [D]. 南京: 南京邮电大学，2020.

[59] 赵诚诚 . 基于卷积神经网络的图像分类改进算法的研究 [D]. 南京：南京邮电大学，2020.

[60] 范振宇 . 基于卷积神经网络的大地电磁深度学习反演研究 [D]. 北京：中国地质大学（北京），2020.

[61] 张国祯 . 基于卷积神经网络的采煤机摇臂传动系统滚动轴承故障诊断方法研究 [D]. 西安：西安科技大学，2020.

[62] 谭涛 . 基于卷积神经网络的随机梯度下降优化算法研究 [D]. 重庆：西南大学，2020.

[63] 任飞凯 . 基于卷积神经网络人脸识别研究与实现 [D]. 南京: 南京邮电大学，2019.

[64] 何蓉 . 基于卷积神经网络的音乐推荐系统 [D]. 南京：南京邮电大学，2019.

[65] 周泳东 . 基于卷积神经网络的商品评论情感分析的研究 [D]. 南京：南京邮电大学，2019.

[66] 黄驰城 . 结合时频分析和卷积神经网络的滚动轴承故障诊断优化方法研究 [D]. 杭州：浙江大学，2019.

[67] 吴正文 . 卷积神经网络在图像分类中的应用研究 [D]. 成都：电子科技大学，2015.

[68] RONNEBERGER O，FISCHER P，BROX T. U-net: convolutional networks for biomedical image segmentation[C]//Medical image computing and computer-assisted intervention–MICCAI 2015.Munich：Springer International Publishing，2015：234-241.

[69] CHEN L C，ZHU Y K，PAPANDREOU G，et al. Encoder-decoder with atrous separable convolution for semantic image segmentation[EB/OL].（2018–08–22）[2024–03–21].https://arxiv.org/abs/1802.02611.

[70] DEMIR I，KOPERSKI K，LINDENBAUM D，et al. Deepglobe 2018: a challenge to parse the earth through satellite images [EB/OL].(2018–12–16）[2024–03–22].https://ieeexplore.ieee.org/document/8575485.

[71] HE K，GKIOXARI G，DOLLÁR P，et al. Mask R-CNN[EB/OL].（2017–12–25）[2024–03–22].https://ieeexplore.ieee.org/document/8237584.